Finanzmathematik kompakt

Rainer Schwenkert · Yvonne Stry

Finanzmathematik kompakt

für Studierende und Praktiker

2. Auflage

 Springer Gabler

Prof. Dr. Rainer Schwenkert
Fakultät Informatik und Mathematik
Hochschule München
München, Deutschland

Prof. Dr. Yvonne Stry
Fakultät AMP
Technische Hochschule Nürnberg
Nürnberg, Deutschland

ISBN 978-3-662-49691-6   ISBN 978-3-662-49692-3 (eBook)
DOI 10.1007/978-3-662-49692-3

Die Deutsche Nationalbibliothek verzeichnet diese Publikation in der Deutschen Nationalbibliografie; detaillierte bibliografische Daten sind im Internet über http://dnb.d-nb.de abrufbar.

Springer Gabler

Gedruckt auf säurefreiem und chlorfrei gebleichtem Papier

Springer Gabler ist Teil von Springer Nature
Die eingetragene Gesellschaft ist Springer-Verlag GmbH Berlin Heidelberg

Vorwort

Das vorliegende Buch deckt (fast) den **gesamten Lehrstoff der klassischen Finanzmathematik in nur einem einzigen Band** ab. Es orientiert sich dabei an der praxisbezogenen Vorgehensweise von Hochschulen für angewandte Wissenschaften (vormals Fachhochschulen). Adressaten sind Studierende an Hochschulen und Universitäten, nicht nur der Wirtschaftsinformatik und der Wirtschaftswissenschaften, aber auch Praktiker in kaufmännischen Bereichen und allgemein Interessierte, die sich mit Finanzmathematik beschäftigen, um ihre privaten oder geschäftlichen Finanzen bzw. Investitionen zu optimieren.

Umfang

Adressaten

Der **gängige klassische Stoff der Finanzmathematik** beinhaltet: Zinsrechnung, das Äquivalenzprinzip, Rentenrechnung, Tilgungsrechnung, Investitionsrechnung und Abschreibungen. Dabei wird großer Wert auf Beispiele aus der Praxis (Stückzinsen, Kontoführung, Finanzierungsschätze, Bundesschatzbriefe, festverzinsliche Wertpapiere, Renditeberechnung, Altersvorsorge etc.) gelegt. Die Faszination an der Finanzmathematik macht dabei sicherlich das Folgende aus: Es sind kaum mathematische Vorkenntnisse nötig, einige wenige Formeln decken 90 % des gesamten klassischen Stoffes ab, eine einfache Idee (Äquivalenzprinzip) zieht sich wie ein roter Faden durch das Gebiet, und wirklich jeder und jede kommen im täglichen Leben mit der Finanzmathematik in Berührung.

klassischer Stoff der Finanzmathematik

Das **didaktische Konzept** des vorliegenden Buches ist insbesondere auf Anschaulichkeit und auf das stetige Einüben der angesprochenen mathematischen Konzepte angelegt.

didaktisches Konzept

Strukturierung
des Stoffes

Unser Ansatz zur Strukturierung des Stoffes orientiert sich dabei eng am Buch **„Stry/Schwenkert: Mathematik kompakt"**, ebenfalls im Springer-Verlag erschienen, und beinhaltet im Einzelnen:

- Grundlegende Definitionen, Formeln, Zusammenhänge und Algorithmen sind durch Boxen vom Text abgesetzt und dadurch besonders hervorgehoben.

Marginalien

- Wichtige Begriffe etc. stehen in einer Randspalte, durch die der Text strukturiert wird.
- Zahlreiche Beispiele mit ausführlichen Rechnungen dienen der Veranschaulichung und erläutern die neu eingeführten Begriffe oder Zusammenhänge.
- Übungen mit Lösungen treten nicht erst am Kapitelende, sondern im laufenden Text auf, so dass gleich nach Einführung eines neuen Begriffes dieser durch eine (meist einfache) Übung gefestigt werden kann. Auch in der Randspalte wird auf diese Übungsmöglichkeiten hingewiesen.
  In vollständigen Lösungen kann bei Bedarf der Lösungsweg nachvollzogen werden. Diese Lösungen sind in der Randspalte ebenfalls hervorgehoben.
- Das Ende eines Beispiels, einer Lösung oder eines das Verständnis fördernden Beweises wird durch das Zeichen □ angezeigt.
- Fertigkeiten aus der Schulmathematik der Mittelstufe (z.B. der Umgang mit Potenzen und Logarithmen) werden vorausgesetzt; Begriffe wie arithmetische und geometrische Folgen und Summen sowie numerische Verfahren zur Lösung von nichtlinearen Gleichungen (Newton-Verfahren, Sekantenverfahren) sind jedoch in einem Anhang anschaulich und mit Verbindung zur Finanzmathematik erklärt.

Selbststudium

Prüfungs-
vorbereitung

Das Buch ist sowohl als **Lehrbuch** als auch zum **Selbststudium** sowie zur **Prüfungsvorbereitung** geeignet. Zum Selbststudium empfiehlt sich das Buch insbesondere durch sein didaktisches Konzept von zahlreichen Verständnishilfen und aktivierenden Verständnisübungen. Zur Prüfungsvorbereitung dienen schließlich die vielfältigen in sich abgeschlossenen Aufgaben mit Lösungen. Die strukturierten Zusammenfassungen bzw. Formelsammlungen erleichtern es, den wichtigsten Stoff zu wiederholen und zu festigen sowie — trotz aller Stofffülle — einen gewissen Überblick zu bewahren. Sie können zum Nachschlagen in der Klausurvorbereitung dienen. Schließlich simulieren die beigefügten Klausuren die Prüfungssituation.

In jedem Kapitel bzw. Unterkapitel wiederholen sich die folgenden **Strukturelemente**:

- In der Einführung versuchen wir, an Erfahrungen mit Finanzmathematik im täglichen Leben anzuknüpfen und von hier aus motivierend in ein neues Teilgebiet der Mathematik einzuleiten. An dieser Stelle werden aber auch historische, kulturelle und philosophische Hintergründe angesprochen.

  Einführung

- Nach dem eigentlichen Text werden auf etlichen Seiten in einer Zusammenfassung die wichtigsten Definitionen, Sätze und Zusammenhänge übersichtlich geordnet zur Wiederholung des Stoffes zusammengestellt.

  Zusammenfassung

- Auf die deutsche Zusammenfassung folgt eine englische „Summary": Hier werden zunächst die wichtigsten Begriffe auf Englisch übersetzt, schließlich sind die bedeutendsten Zusammenhänge kurz auf Englisch erklärt.

  Summary in English

- Es folgen zahlreiche Übungsaufgaben inklusive Lösungen, mit deren Hilfe der Stoff des jeweiligen Kapitels oder Unterkapitels weiter eingeübt und gefestigt werden kann. Die meisten Lösungen sind recht ausführlich gehalten.

  Übungsaufgaben mit Lösungen

- Am Ende des Kapitels wird eine kurze Klausur gestellt, ausführliche Lösungen der Klausuraufgaben folgen. Eine mögliche Bewertung der Klausuraufgaben ist durch Punkte angegeben, die Schwierigkeitsgrad und Zeitaufwand der Aufgaben einschätzen lassen. Diese Klausuren sind zum Selbsttest gedacht.

  Klausuraufgaben mit Lösungen

Die meisten **Rechnungen** können problemlos **mit einem einfachen Taschenrechner** (mit Potenzen, Logarithmen und Memory-Taste) durchgeführt werden. Für längere Rechnungen (z.B. Übersichten wie Tilgungspläne) bieten sich Work-Sheets an. Nur bei der Berechnung von Effektivzins bzw. Rendite werden numerische Verfahren (wie z.B. in Computeralgebra-Programmen implementiert) benötigt.

Taschenrechner, Work-Sheets, Computeralgebra-Programme

Schließlich sei noch ein Wort zu **Rundungen (und Rundungsfehler!)** gestattet: Alle Euro-Angaben wurden käufmännisch auf zwei Nachkommastellen (Cent) gerundet. Zwischenergebnisse sollten ungerundet weiterverarbeitet werden, sonst treten schnell Rundungsfehler auf. Die Berechnungen im Buch wurden mit Computeralgebra-Systemen (Maple und Mathematica) mit hoher Genauigkeit (20 Stellen) durchgeführt. Sollten sich bei Verwendung eines herkömmlichen Taschenrechners die Ergebnisse im Cent-Bereich unterscheiden, so ist dies auf Run-

Rundungen und Rundungsfehler

dungsfehler zurückzuführen. Wir gehen darauf auch an geeigneter Stelle im Buch ein.

Wir danken herzlich dem Springer-Verlag, insbesondere Herrn Christian Rauscher, für die stets angenehme Zusammenarbeit.

Anregungen nehmen wir wie immer sehr gerne entgegen (rsh@cs.hm.edu, yvonne.stry@ohm-hochschule.de).

München, Nürnberg   *Rainer Schwenkert*
August 2011   *Yvonne Stry*

Vorwort zur 2. Auflage

Wir Autoren freuen uns, dass nunmehr eine 2. Auflage unseres Buches „Finanzmathematik kompakt" gedruckt wird. Erstmals wird das Buch auch als E-Book erscheinen.

Diese Neuauflage des Buches trifft auf eine Phase rekordtiefer Zinsen. Die Zinssätze, die wir im Buch zugrunde gelegt haben, sind demzufolge höher als die heutigen. Die Mathematik ist aber dieselbe, egal ob man mit 0,75% oder mit 7,5% rechnet. Ein Ende der Niedrigzinsphase ist zudem in Sicht, da die Zentralbank der Vereinigten Staaten (Fed) im Dezember 2015 begonnen hat, die Zinsen zu erhöhen. Daher haben wir an unseren Beispielen in der neuen Auflage bewusst nichts geändert.

Über Rückmeldungen freuen wir uns auch weiterhin sehr (rsh@cs.hm.edu, yvonne.stry@th-nuernberg.de).

München, Nürnberg   *Rainer Schwenkert*
Januar 2016   *Yvonne Stry*

Inhaltsverzeichnis

Kapitel 1
Einführung

Die Finanzmathematik, ein Teilgebiet der Angewandten Mathematik, stellt Methoden und Verfahren zur Verfügung, die im Wesentlichen der Analyse von Sachverhalten und Problemen aus dem Finanzbereich (z.B. von Banken und Unternehmen) dienen. Sie beschäftigt sich u.a. mit

- der Berechnung von Zinsen und Zinseszinsen,
- mathematischen Problemen bei Krediten und Darlehen,
- der Abschreibung von Wirtschaftsgütern,
- der Beurteilung von Investitionsvorhaben,
- der Wertpapieranalyse.

beispielhafte Einsatzgebiete

In ihrer klassischen Form ergibt sich daher in der Regel eine Unterteilung in folgende Themenbereiche:

- Zins- und Zinseszinsrechnung,
- Renten- und Tilgungsrechnung,
- Abschreibungs- und Investitionsrechnung,
- Kursrechnung (insbesondere bei der Bewertung von Wertpapieren).

klassische Themenbereiche

Aber auch neuere moderne Theorien, die durch die Anwendung von stochastischen Methoden auf finanzwissenschaftliche Probleme entstanden sind, zählen zur Finanzmathematik. Angeführt seien hier zum Beispiel die praxisnahen Gebiete

- „Modern Portfolio Theory":
  Konstruktion optimaler Aktienportefeuilles unter Berücksichtigung der Risikoneigung von Investoren (Nobelpreis 1990 Markowitz),
- „Mathematical Finance":
  Preisfestsetzung und Absicherung von Finanzderivaten (Nobelpreis 1997 Black und Scholes).

neuere Theorien

Solche Gebiete sind gerade für den (Wirtschafts-)Informatiker sehr interessant, da die Umsetzung entsprechender Methoden in die Praxis (bei Banken und im Internetbanking) effizienter Programme (beispielsweise mittels Java, EJB, XML, HTML) und ausgereifter Datenbanksystemtechnik (ER-Modelle, SQL, Skalierbarkeit) bedarf.

Kapitel 2
Zinsrechnung

Für ausgeliehenes Kapital muss in der Regel ein Entgelt für dessen Nutzung, der so genannte Zins, bezahlt werden. Je nach Nutzungsdauer des Kapitals und Entgeltvereinbarung gibt es verschiedene Verzinsungsmodelle: einfache, exponentielle und stetige Verzinsung sowie vorschüssige, nachschüssige und unterjährige Zinsen.

Um die notwendigen Berechnungen durchführen zu können, benötigt man einige Begriffe:

- Der anzulegende Geldbetrag (das Vermögen) heißt Kapital (aus dem Italienischem von capitale = Hauptgut). **Kapital**
- Als Zins z bezeichnet man den Preis für überlassenes oder geschuldetes Kapital. **Zins**
- Die Zeitpunkte, zu denen jeweils der Zins fällig ist, heißen Zinstermine. **Zinstermin**
- Den Zeitraum zwischen zwei Zinsterminen nennt man Zinsperiode. **Zinsperiode**
- Der Zins für 100 Geldeinheiten heißt Zinsfuß p und $i = p/100$ heißt Zinsrate. **Zinsfuß, Zinsrate**
- Der Begriff Zinssatz wird in der Literatur und Praxis uneinheitlich synonym für Zinsfuß und Zinsrate benutzt. Wir werden ihn ausschließlich als Synonym für Zinsrate benutzen. **Zinssatz**
- Der Zeitabschnitt für die Kapitalbewegung, d.h. die Länge des Anlagezeitraums, heißt Laufzeit n. **Laufzeit**
- Zinsfuß bzw. Zinssatz werden in der Regel auf eine Laufzeit von einem Jahr bezogen. Man schreibt dafür z.B. 5% p.a. (lat.: per annum; pro Jahr). Der Zusatz p.a. wird jedoch häufig weggelassen. **p.a.**

Barwert K_0

Endwert K_n

- Das Kapital zu Beginn der Kapitalbewegung heißt Anfangskapital oder Barwert K_0.
- Das Kapital am Ende der Kapitalbewegung nennt man Endkapital oder Endwert bzw. K_n.

Beispiel 2.1

Sie kaufen bei ihrer Bank für 1.000 € ein Wertpapier (wie z.B. Bundesschatzbrief Typ A, Sparbrief, Pfandbrief, Unternehmensanleihe, etc.), das mit 5% p.a. verzinst und nach zwei Jahren zurückgezahlt wird. Ihr Anfangskapital ist somit $K_0 = 1.000$ €. Der Zinssatz (synonym: die Zinsrate) $i = 0,05$ bezieht sich — wie meist üblich — auf eine Zinsperiode von einem Jahr. Somit ergibt sich der (jährliche) Zinsfuß zu $p = 5$. Die Laufzeit des Sparbriefs beträgt $n = 2$ Jahre. Es gibt zwei Zinsperioden: $t = 1$ (1.Jahr) und $t = 2$ (2.Jahr). Nach einem Jahr erhält man 50 € Zinsen und nach zwei Jahren nochmals dieselbe Summe. Zu diesem Zeitpunkt wird auch das angelegte Kapital zurückgezahlt, so dass sich ein Endkapital von $K_n = K_2 = 1.100$ € ergibt.   □

Zusätze für
Zinsperioden

Wie oben angemerkt, ist es üblich, den Zinssatz für eine Zinsperiode (Basisperiode) von einem Jahr anzugeben (Zusatz: p.a., dieser wird oft weggelassen). Es gibt aber auch kürzere Zinsperioden: halbjährliche (Zusatz: p.H., häufig bei Fremdwährungsanleihen), quartalsweise (Zusatz: p.Q., z.B. Verzinsung auf Girokonten) oder monatliche (Zusatz: p.M., beispielsweise bei Hypothekenkrediten).

2.1 Lineare Verzinsung

Bei der linearen bzw. einfachen Verzinsung betrachtet man Kapitalüberlassungszeiträume, in denen kein Zinstermin liegt. Es fällt also kein Zins an, der wieder angelegt werden könnte. Diese Verzinsungsart findet man z.B. bei Spareinlagen und Stückzinsberechnungen im Wertpapierhandel.

Bei der *linearen Verzinsung* oder *einfachen Zinsrechnung* werden Zinsen folgendermaßen berechnet:

lineare
Verzinsung

- innerhalb einer Zinsperiode (oftmals 1 Jahr) mit Zinstermin am Periodenende,
- ohne Verzinsung des Zinses über einen Zeitabschnitt, der größer als eine Zinsperiode ist.

Beispiel 2.2

Sie legen bei Ihrer Bank oder Sparkasse $K_0 = 10.000\,€$ (sog.
Anfangskapital) in einem Pfandbrief für 5 Jahre mit einem Zinssatz von 3% $(i = 0,03)$ an.

Der Zins errechnet sich jährlich zu (da nichts anderes angegeben, ist der Zinssatz p.a.!)

$$10.000\,€ \cdot 0,03 = 300\,€.$$

Nach einem Jahr beträgt das Kapital daher $K_1 = 10.300\,€$. Da
der angefallene Zins seinerseits nicht verzinst wird, kommen
für die restlichen 4 Jahre nochmals $4 \cdot 300\,€ = 1.200\,€$ hinzu.
Damit beläuft sich nach 5 Jahren das angesammelte Kapital
(sog. Endkapital) auf $K_5 = 11.500\,€$. □

Da der Zins z, wie Beispiel 2.2 zeigt, für jedes Jahr jeweils
gleich hoch ist und sich zu $z = K_0 \cdot i$ ergibt, gilt offensichtlich:

> Bei der linearen bzw. einfachen Verzinsung ergibt sich aus
> einem Anfangskapital (Barwert) K_0 bei einem Zinssatz   lineare
> von i in n Jahren (Laufzeit) ein Endkapital (Endwert)   Verzinsung
> von
> $$K_n = K_0 \cdot (1 + n \cdot i).$$

Übung 2.1

Sie benötigen für einen geplanten Autokauf, der in 3 Jahren
ansteht, $17.250\,€$. Die Bank bietet Ihnen eine Anlage mit 5%
einfachen Zinsen an. Wieviel Euro müssen Sie heute anlegen
(Barwert), um sich das Auto in 3 Jahren kaufen zu können?

Lösung 2.1

Wir lösen die Formel für die lineare Verzinsung nach dem Barwert K_0 auf und erhalten mit $n = 3$:

$$K_0 = \frac{K_n}{(1 + ni)} = \frac{17.250\,€}{(1 + 3 \cdot 0,05)} = 15.000\,€.$$

Es sind also heute $15.000\,€$ anzulegen. □

Bei der Geldanlage aus Übung 2.1 hat man am Ende des
ersten, zweiten und dritten Jahres jeweils ein Endkapital von
$K_1 = 15.750\,€$, $K_2 = 16.500\,€$ und $K_3 = 17.250\,€$, da pro Jahr
ein Zins von $750\,€$ hinzukommt. Nachfolgende Abb. 2.1 zeigt,
dass die Kapitalzuwächse alle auf einer Geraden liegen ($K_t = (K_0 \cdot i) \cdot t + K_0$), was die Namensgebung „lineare Verzinsung"
erklärt.

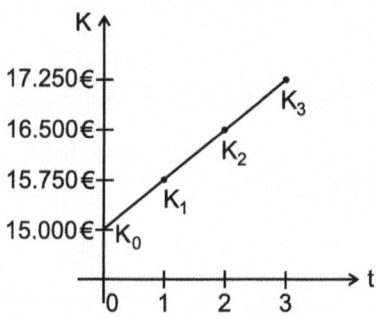

Abb. 2.1. Lineare Verzinsung

In der Praxis findet man eher selten Anwendungen der linearen Verzinsungsformel für Laufzeiten $t > 1$. Benutzt wird die Formel häufig zur Berechnung von Soll- und Habenzinsen auf Girokonten oder von Stückzinsen bei Wertpapieren. Hier ist die Laufzeit t dann der *Bruchteil eines Jahres*, der so genannte *Zinstagequotient*, d.h.

Zinstage-
quotient

$$t = \frac{\text{Zinstage}}{\text{Basistage}}.$$

Zinstage,
Basistage

Unter *Zinstagen* versteht man dabei die Anzahl der Tage zwischen zwei vorgegebenen Daten, und die *Basistage* beziehen sich auf die Länge des zugrunde liegenden Jahreszeitraumes. Dieser kann durchaus vom Kalenderjahr abweichen! Es gibt hier verschiedene Berechnungsmethoden (so genannte *Zinsusancen*) für die Anzahl der Zinstage und der Basistage.

Zinsusance

Die — seit der Umstellung auf Euro — wichtigsten Zinsusancen sind:

- „*actual/actual*" (taggenaue Zinsmethode):
  Es wird die tatsächliche Anzahl der Tage zwischen zwei Daten gezählt (actual = taggenau). Auch das zugrunde liegende Basisjahr wird mit kalendergenauen Werten berücksichtigt (d.h. in der Regel 365 Tage, bei Schalttag im Basiszeitraum jedoch 366 Tage). Üblich ist diese Methode z.B. bei der Stückzinsberechnung für fast alle Bundeswertpapiere und Pfandbriefe.

„actual/actual"

- „*actual/360*" (internationale Zinsusance):
  Es wird die tatsächliche Anzahl der Tage zwischen zwei Daten zugrunde gelegt. Das Jahr wird zu 360 Tagen angenommen. Eingesetzt wird diese Methode z.B. häufig

„actual/360"

bei der Stückzinsberechnung von Fremdwährungsanleihen (z.B. USD-Bonds).

- *„30,42/365"* (EU-Zinsmethode):
  Zugrunde gelegt werden hier für das Jahr 365 Tage, 52 Wochen oder 12 gleichlange Monate. Für letztere wird eine Länge von $365/12 = 30,41\overline{6}$ Tagen angenommen. Für die Anzahl der Tage zwischen zwei Daten gelten Sonderregeln, wenn sich die Differenz nicht auf Vielfache von vollen Monaten zurückführen lässt.

„EU-30,42/365", Standardisierte Zinsusance

Die „EU-30,42/365"-Zinsusance, auch „Standardisierte Berechnungsmethode" genannt, ist gesetzlich für alle Effektivzinsberechnungen im Zusammenhang mit Krediten vorgeschrieben. Sie gilt in Deutschland seit dem 1.9.2000 nach Preisangabenverordnung (PAngV). Letztere ist eine Umsetzung der EU-Verbraucherkreditrichtlinie 98/7/EG, die zum 1.4.2000 in Kraft getreten ist.

PAngV

Man beachte bei Anwendung einer Zinsusance, dass in der Regel der Zinslauf mit dem Tag der Einzahlung auf das Bankkonto bzw. mit Kauf des Wertpapiers (Tag der Wert- oder Valutastellung, nicht Buchungstag) beginnt. Er endet mit dem Tag *vor* der Zinszahlung.

Ermittlung der Zinstage

Valuta

Beispiel 2.3

Sie kaufen am 7.1.2012 (Valuta) einen Bundesschatzbrief mit Zinslauf ab 1.1.2012, der sich im 1.Jahr mit 3% verzinst. Die Stückzinsen, die Sie bei einem Nennwert (=Anfangskapital) von 2.000 € der Bank zahlen müssen, ergeben sich dann durch Anwendung der Zählmethode „actual/actual":
Da 2012 Schaltjahr ist, ergibt sich das Basisjahr (1.1.2012 bis 31.12.2012, beide Tage einschließlich) zu 366 Tagen. Die für die Stückzinsen maßgebenden Zinstage belaufen sich auf 6 (1.1.2012 bis 6.1.2012, beide Tage inklusive), da ab dem Tag der Valutastellung (hier der 7.1.2012) die Zinsen dem Käufer zustehen. Wir erhalten daher einen zu zahlenden Stückzins in Höhe von (es wird kaufmännisch gerundet):

$$K_0 \cdot i \cdot t = 2.000 \text{ € } \cdot 0,03 \cdot \frac{6}{366} = 0,98 \text{ €.} \qquad \square$$

Übung 2.2

Beim Kauf von Wertpapieren helfen Ihnen die nachfolgenden Aufgaben bei der Überprüfung Ihrer diesbezüglichen Bankabrechnungen.

a) Sie kaufen am 15.5.2012 (Valuta) einen Bundesschatzbrief mit Zinslauf ab 1.4.2012 mit $3,5\%$ Zins für das erste Jahr. Wieviele Stückzinsen sind bei einem Nennwert von $15.000\,€$ zu zahlen?

b) Sie erwerben am 28.3.2012 (Valuta) eine 5% USD-Fremdwährungsanleihe mit Zinslauf ab 12.1.2012. Wieviele Stückzinsen müssen Sie bei einem Nennwert von 14.000 USD zahlen (Methode „actual/360")?

Lösung 2.2

a) Wie im Beispiel 2.3 ist die Zinsusance „actual/actual" anzuwenden. Das Basisjahr weicht nun jedoch vom Kalenderjahr ab: 1.4.2012 bis 31.3.2013 (beide Tage einschließlich). Da dieses keinen Schalttag beinhaltet, ergibt es sich zu 365 Tagen. Stückzinsen sind zu zahlen vom 1.4.2012 bis 14.5.2012 (beide Tage einschließlich). Insgesamt ergeben sich 44 Tage (30 Tage für den April, 14 Tage für den Mai). Damit belaufen sich die Stückzinsen auf

$$K_0 \cdot i \cdot t = 15.000\,€ \cdot 0,035 \cdot \frac{44}{365} = 63,29\,€.$$

b) Bei der „actual/360"-Methode liegt der Nenner fix bei 360 Tagen und muss nicht ermittelt werden. Die Zinstage vom 12.1.2012 bis 27.3.2012 (jeweils einschließlich) hingegen sind exakt zu zählen: 20 Tage für den Januar, 29 Tage für den Februar und 27 Tage für den März ergeben insgesamt 76 Tage. Es sind daher an Stückzinsen zu zahlen:

$$K_0 \cdot i \cdot t = 14.000\,\text{USD} \cdot 0,05 \cdot \frac{76}{360} = 147,78\,\text{USD}. \qquad \square$$

Bei der Verzinsung von Sparbüchern und Girokonten wird meist eine weitere Zählmethode, die *„30/360"-Methode* benutzt:

„30/360"-Methode Hier wird der Monat zu 30 Tagen und das Jahr zu 360 Tagen angenommen. Dann ergibt sich der für d Tage zu bezahlende Zins z auf ein Kapital K, das mit dem Zinsfuß p verzinst wird zu:

$$z = K_0 \cdot i \cdot t = K \cdot \frac{p}{100} \cdot \frac{d}{360}.$$

Durch Umstellung dieser Formel erhält man nachfolgende Formel, die als *Kaufmännische Zinsformel* bezeichnet wird:

Der für d Tage zu bezahlende Zins z auf ein Kapital K, das mit dem Zinsfuß p verzinst wird, ergibt sich zu

$$z = \left(\frac{K \cdot d}{100}\right) \bigg/ \left(\frac{360}{p}\right).$$

kaufmännische Zinsformel

Dabei bezeichnet man $\frac{K \cdot d}{100}$ als Zinszahl und $\frac{360}{p}$ als Zinsteiler.

Zinszahl, Zinsteiler

Die Anwendung dieser Formel ist nun sehr zweckmäßig, wenn mehrere verschiedene Kapitalbeträge unterschiedlich lang mit dem gleichen Zinssatz zu verzinsen sind, was vor allem bei Girokonten häufig der Fall ist. Banken und Sparkassen wenden hierzu die so genannte *Staffelmethode* an: Die Berechnung der Zinszahlen erfolgt bei jeder Änderung des Kontostandes, d.h. bei Einzahlungen sowie Auszahlungen. Die Wertstellung (Valuta) wird bei Einzahlungen mit „Nächster Tag" und bei Auszahlungen mit „Heute" vorgenommen. Die dabei errechneten Zinszahlen werden ganzzahlig kaufmännisch gerundet. Zum Zinstermin werden die Zinsen dann berechnet, indem die entstandene Summe der Zinszahlen durch den Zinsteiler dividiert wird.

Verzinsung bei Girokonten

Staffelmethode

Valuta

Beispiel 2.4
Wir betrachten Kapitalbewegungen eines Girokontos mit einem Habenzinssatz von 2%. Wie häufig üblich, soll der Zins quartalsweise gezahlt werden. Wir nehmen an, dass am Ende des ersten Quartals bereits 1.000 € auf dem Konto stehen und berechnen den Zins für das zweite Quartal aufgrund nachfolgender Kontobewegungen:

Tag	Valuta	Ein/Aus	Tage	Zinszahl
31.3.2012	31.3.2012	1.000 €	35	350
5.5.2012	6.5.2012	500 €		
Saldo		1.500 €	28	420
4.6.2012	4.6.2012	−1.100 €		
Saldo		400 €	27	108
Summe				878

Bei dem vorgegebenen Zinsfuß von $p = 2$ (Zinsteiler: 360/2) ergeben sich nun die Quartalszinsen (in €) zu

$$z = \frac{878}{180} = 4,88.$$

Man beachte, dass bei einem negativen Kontostand von den Habenzinsen abweichende Sollzinsen zu zahlen sind. Es müssen dann getrennt Soll- und Habenzinszahlen berechnet und am Ende saldiert werden. □

Übung 2.3
Sie wollen die Quartalsabrechnung Ihres Girokontos überprüfen. Die Bank weist bei einem Habenzinssatz von 3% p.a. eine Zinszahl von 1350 aus. Welchen Zinsbetrag muss Ihnen die Bank gutschreiben?

Lösung 2.3
Bei einem Zinsfuß von $p = 3$ erhält man den Zinsteiler $\frac{360}{3} = 120$. Somit ergibt sich der Zins aus $\frac{1350}{120}$ zu $11,25\,€$. $\square$

2.2 Exponentielle Verzinsung

Jeder Bankkunde weiß, dass bei Bundesschatzbriefen vom Typ B die jährlich anfallenden Zinsen nicht ausbezahlt, sondern dem vorhandenen Kapital hinzugefügt werden. Bei der nächstfolgenden Verzinsung werden diese dann mit verzinst. Diese Zinsen nennt man deshalb Zinseszinsen. Das Prinzip bezeichnet man als exponentielle Verzinsung.

Zinseszinsen, exponentielle Verzinsung

Wir wollen das Prinzip der *Zinseszinsen* oder der *exponentiellen Verzinsung* genauer betrachten: Wenn innerhalb des Betrachtungszeitraumes ein oder mehrere Zinstermine existieren, so wird der zu diesen Zinsterminen fällige Zins dem Kapital zugeschlagen und in den verbleibenden Zinsperioden mitverzinst. Der Zins soll dabei in allen Zinsperioden — im Gegensatz zum Bundesschatzbrief — konstant bleiben.

Wir bezeichnen das Startkapital mit K_0 und mit K_t das Endkapital im t-ten Jahr sowie mit i den Zinssatz. Unter Anwendung der linearen Verzinsung ergibt sich das Endkapital K_1 zu $K_1 = K_0(1 + i)$. Da im zweiten Jahr nun das Kapital K_1 zu verzinsen ist, kann auf dieses wieder die lineare Verzinsung angewandt werden. Im t-ten Jahr ist dann K_{t-1} linear zu verzinsen. Es gilt also:

$$K_2 = K_1(1+i) = \underbrace{K_0(1+i)}_{K_1}(1+i) = K_0(1+i)^2,$$

$$\vdots$$

$$K_t = K_{t-1}(1+i) = \underbrace{K_0(1+i)^{t-1}}_{K_{t-1}}(1+i) = K_0(1+i)^t.$$

Man erhält damit folgendes allgemeine Ergebnis:

Aus einem Anfangskapital K_0 entsteht bei exponentieller Verzinsung (Zinseszinsen) mit dem Zinssatz i nach n Jahren ein Endkapital von

$$K_n = K_0 \cdot (1+i)^n = K_0 \cdot q^n \qquad \text{mit} \qquad q := 1 + i.$$

Man bezeichnet dabei q^n als Aufzinsungsfaktor. Der reziproke Wert $v^n = \frac{1}{q^n} = \frac{1}{(1+i)^n}$ heißt Abzinsungsfaktor bzw. Diskontierungsfaktor.

exponentielle
Verzinsung,
Zinseszinsen

Ab- und Auf-
zinsungsfaktor

Die Zinseszinsformel gibt den Zusammenhang zwischen Endkapital K_n und Barwert (=Anfangskapital) K_0 wieder. Berechnet man aus dem Barwert den Endwert, so nennt man diesen Vorgang *Aufzinsung*, der umgekehrte Vorgang wird als *Abzinsung* bezeichnet (siehe auch Abbildung 2.2). Daraus erklärt sich die Namensgebung für die Faktoren q^n und v^n.

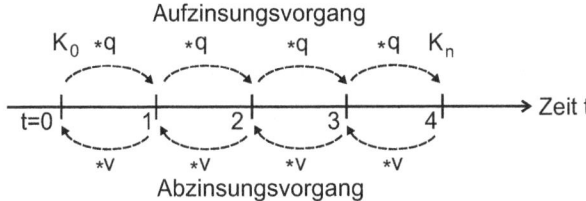

Abb. 2.2. Aufzinsungs- bzw. Abzinsungsvorgang

Beispiel 2.5
Ein Sparkassenbrief mit $1.000 \, €$ Nennwert und einer exponentiellen Verzinsung von 4% hat nach 8 Jahren Laufzeit einen Endwert von $1.000 \, € \cdot 1,04^8 = 1.368,57 \, €$.   □

Durch Auflösung der Zinseszinsformel nach einer der Größen K_0, q bzw. n erhält man drei weitere Formeln:

Grundaufgaben der Zinseszinsrechnung:

- Unbekannter Barwert: $K_0 = \dfrac{K_n}{q^n}$.

- Unbekannter Zinssatz: $q = \sqrt[n]{\dfrac{K_n}{K_0}}, \quad i = q - 1$.

- Unbekannte Laufzeit: $n = \dfrac{\ln(K_n/K_0)}{\ln q}$.

Grundaufgaben
der Zinseszins-
rechnung

Übung 2.4

Jemand verspricht Ihnen, aus 1.000 € in 3 Jahren 8.000 € zu machen. Wie hoch ist die exponentielle Verzinsung dieses Angebots?

Lösung 2.4

Bei dieser Aufgabenstellung sind Anfangs- und Endkapital sowie die Laufzeit gegeben. Der unbekannte Zinssatz ergibt sich nach der zweiten Grundaufgabe aus

$$q = \sqrt[n]{\frac{K_n}{K_0}} = \sqrt[3]{\frac{8000}{1000}} = \sqrt[3]{8} = 2$$

zu $i = q - 1 = 1$. Der Zinssatz würde also 100% betragen. □

Stellt man den Kapitalzuwachs aus Übung 2.4 grafisch dar (siehe Abb. 2.3), so erkennt man die exponentielle Zunahme im Gegensatz zum linearen Anstieg bei einfacher Verzinsung. Dies erklärt die Bezeichnung der Zinseszinsberechnung als exponentielle Verzinsung.

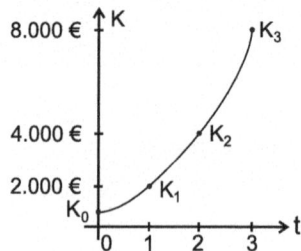

Abb. 2.3. Exponentielle Verzinsung

2.3 Vorschüssige und nachschüssige Zinsen

Zinsverbot

Bereits das „Alte Testament" kannte ein Zinsverbot. Auch Papst Innozenz III (1215) hatte im Mittelalter verboten, Zinsen auf geliehenes Geld zu verlangen. Dies führte zur Entwicklung der vorschüssigen Verzinsung, bei der die Zinsen bereits im Voraus vom Darlehensbetrag abgezogen werden. Der Kreditnehmer erhält nur den um die Zinsen verringerten Betrag ausbezahlt und zahlt am Ende das volle Darlehen zurück. Da bei dieser Methode keine unmittelbare Zahlung von Zinsen vom Kreditnehmer an den Kreditgeber erfolgt, konnte man auf diese Weise das Zinsverbot umgehen.

In den vorangegangen Abschnitten sind wir stets davon aus-
gegangen, dass die Zinsen am Ende einer Zinsperiode erhoben
werden. Die Zinsen können jedoch auch am Anfang einer Zinsperiode fällig werden. Wir definieren daher:

> - Zinsen, die am Ende einer Zinsperiode anfallen und
>   bzgl. des Anfangskapitals berechnet werden, heißen
>   nachschüssige bzw. dekursive Zinsen.
> - Zinsen, die am Anfang einer Zinsperiode anfallen und
>   bzgl. des Endkapitals berechnet werden, nennt man
>   vorschüssige bzw. antizipative Zinsen.

nachschüssige
bzw. dekursive
Zinsen

vorschüssige
bzw. antizipa-
tive Zinsen

Der grundlegende Unterschied beider Methoden — abgesehen
vom Zinstermin — ist folgender (siehe auch Abb. 2.4): Bei *nachschüssigen Zinsen* werden die Zinsen bezogen auf das *Anfangskapital* zum Kapital K_a addiert. Bei den vorschüssigen Zinsen
werden hingegen die Zinsen vom Endwert des Kapitals K_e ermittelt und dann von diesem *Endkapital* subtrahiert.

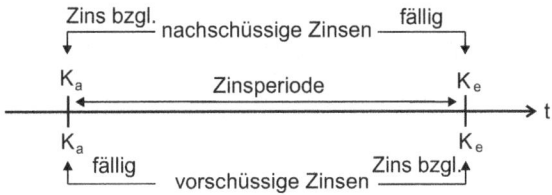

Abb. 2.4. Nach- und vorschüssige Verzinsung

nachschüssige
Zinsen vom
Anfangskapital

vorschüssige
Zinsen vom
Endkapital

Zur Herleitung der entsprechenden Formeln muss jetzt noch
unterschieden werden, ob es sich um lineare oder exponentielle
Verzinsung handelt. Den pro Periode anfallenden Zins bezeichnen wir dabei mit z und den Zinssatz wieder mit i:

a) Lineare Verzinsung:
   Bei einer Laufzeit von einem Jahr ergibt sich bezogen auf das
   Endkapital K_1 ein Zins von $z = K_1 i$, der vom Endkapital zu
   subtrahieren ist: $K_0 = K_1 - z = K_1 - (K_1 i) = K_1(1 - i)$.
   Hat man eine Laufzeit von zwei Jahren, so muss der Zins
   $z = K_2 i$ (jetzt bezogen auf das Endkapital K_2) für zwei
   Jahre vom Endkapital subtrahiert werden. Man erhält also
   $K_0 = K_2 - 2z = K_2 - 2(K_2 i) = K_2(1 - 2i)$. Bei einer Laufzeit
   von n Jahren fällt ein Zins $z = K_n i$ (bzgl. Endkapital K_n)
   dann n-mal an und es gilt

vorschüssige
Zinsen bei
linearer
Verzinsung

$$K_0 = K_n - z = K_n - n(K_n i) = K_n(1 - ni).$$

b) Exponentielle Verzinsung:

vorschüssige Zinsen bei exponentieller Verzinsung

Bei einjähriger Laufzeit gilt wie bei der linearen Verzinsung $K_0 = K_1 - z_1 = K_1 - (K_1 i) = K_1(1-i)$. Bei einer Laufzeit von zwei Jahren ergibt sich bezogen auf das Endkapital K_2 für die zweite Zinsperiode zunächst ein Zins $z_2 = K_2 i$. Damit gilt $K_1 = K_2 - z_2 = K_2 - (K_2 i) = K_2(1-i)$. Jetzt ist der Zins bzgl. des Endkapitals K_1 der ersten Zinsperiode $z_1 = K_1 i$ von K_1 zu subtrahieren: $K_0 = K_1 - z_1 = K_1 - (K_1 i) = K_1(1-i)$. Unter Beachtung von $K_1 = K_2(1-i)$ folgt nun natürlich $K_0 = K_2(1-i) \cdot (1-i) = K_2(1-i)^2$. Wiederholt man diesen Vorgang n-mal, erhält man für eine Laufzeit von n Jahren schließlich

$$K_0 = K_1(1-i) = K_2(1-i)^2 = \ldots = K_n(1-i)^n.$$

Wir fassen diese Ergebnisse jetzt zusammen:

vorschüssige einfache Zinsen

vorschüssige Zinseszinsen

> Beträgt bei vorschüssigen Zinsen die Laufzeit n Jahre, so gilt bei
>
> - linearer Verzinsung: $K_0 = K_n(1 - ni)$,
>
> - exponentieller Verzinsung: $K_0 = K_n(1-i)^n$.

Im Finanzsektor wird in der Regel die dekursive (= nachschüssige) Verzinsung benutzt. Die antizipative (= vorschüssige) Verzinsung kommt seltener zum Einsatz, ist aber dennoch nicht zu vernachlässigen: So wird beispielsweise bei der Verzinsung von Finanzierungsschätzen des Bundes oder beim Diskontieren von Wechseln linear vorschüssig gerechnet. Außerdem bildet die exponentielle vorschüssige Verzinsung die kalkulatorische Grundlage für die so genannte degressive Abschreibung.

Beispiel 2.6

Wir stellen ein Beispiel aus der Broschüre „Finanzierungsschätze des Bundes" der Bundesrepublik Deutschland Finanzagentur GmbH vor (Stand: Sept. 2008). Bei Finanzierungsschätzen zahlt der Anleger einen um die Zinsen verminderten Betrag und erhält am Ende der Laufzeit den vollen Nennwert zurück. Ein „Schätzchen" mit zweijähriger Laufzeit im Nennwert von 500 € kostet bei einem Verkaufszinssatz (so wird der einfache, vorschüssige Zins bezeichnet) von $3,5\%$ dann 465 €. Dieser Verkaufspreis K_0 berechnet sich folgendermaßen:

$$
\begin{aligned}
K_0 &= K_2 \cdot (1 - 2i) \\
&= 500\,\text{€} \cdot (1 - 2 \cdot 0,035) = 500\,\text{€} \cdot 0,93 = 465\,\text{€}. \qquad \square
\end{aligned}
$$

Übung 2.5

a) Ein einjähriger Finanzierungsschatz über nominal $500 \, €$ kostet $480, 10 \, €$. Wie lautet der Verkaufszinssatz?

b) Bei der geometrisch degressiven Abschreibung verringert sich der Abschreibungsbetrag jedes Jahr um den gleichen Prozentsatz vom Betrag des Vorjahres. Bestimmen Sie den Restwert eines Wirtschaftsgutes im Wert von $10.000 \, €$ nach 3 Jahren, wenn der Abschreibungssatz 20% beträgt.

Lösung 2.5

a) Mit $K_0 = 480, 10 \, €$, $K_1 = 500 \, €$ folgt aus $K_1(1 - i) = K_0$

$$i = \frac{K_1 - K_0}{K_1} = \frac{500 \, € - 480, 10 \, €}{500 \, €} = 3, 98\%.$$

b) Hier müssen wir mit $i = 0, 2$ und $K_3 = 10.000 \, €$ die Formel für die vorschüssigen Zinseszinsen anwenden und erhalten den Restwert K_0 zu:

$$K_0 = K_3 \cdot (1 - i)^3 = 10.000 \, € \cdot (1 - 0.2)^3 = 5.120 \, €. \quad \square$$

Abschließend wird bei exponentieller Verzinsung untersucht, welcher nachschüssige Zinssatz i_d zum gleichen Endkapital wie ein vorgegebener vorschüssiger Zinssatz i_a führt. Man nennt dann i_d den zu i_a konformen nachschüssigen Zinssatz. Es sind lediglich die beiden Formeln $K_n = K_0(1 + i_d)^n$ und $K_n = \frac{K_0}{(1 - i_a)^n}$ gleichzusetzen. Man erhält aus $(1 + i_d)^n = \frac{1}{(1 - i_a)^n}$:

> Bei exponentieller Verzinsung ergibt sich der zum vorschüssigen Zinssatz i_a konforme nachschüssige Zinssatz i_d zu
> $$i_d = \frac{i_a}{1 - i_a}.$$

konforme nachschüssige exponentielle Zinsen

Es zeigt sich, dass der konforme nachschüssige Zins stets höher ist als der zugehörige vorschüssige Zins.

Beispiel 2.7

Der zum vorschüssigen Zins $i_a = 0, 2$ aus Übung 2.5b konforme nachschüssige Zins ergibt sich zu

$$i_d = \frac{i_a}{1 - i_a} = \frac{0, 2}{1 - 0, 2} = 0, 25.$$

Anders ausgedrückt: Aus einem Kapital von 5.120 € wird bei
25% nachschüssigen Zinsen nach drei Jahren ein Endkapital von
5.120 € $\cdot 1,25^3 = 10.000$ €.   □

Übung 2.6

a) Ermitteln Sie bei einfacher Verzinsung den zum vorschüssigen Zinssatz i_a konformen nachschüssigen Zinssatz i_d.

b) Welchen konformen nachschüssigen Zinssatz hat der einjähriger Finanzierungsschatz aus Übung 2.5a?

Lösung 2.6

konforme
nachschüssige
lineare Zinsen

a) Aus den beiden Formeln $K_n = K_0(1 + ni_d)$ und $K_n = \frac{K_0}{1-ni_a}$
erhält man durch Gleichsetzen

$1 + ni_d = \frac{1}{1-ni_a}$ und daraus $ni_d = \frac{1}{1-ni_a} - 1 = \frac{ni_a}{1-ni_a}$. Es
ergibt sich also

$$i_d = \frac{i_a}{1 - ni_a}.$$

b) Mit $i_a = 0,0398$ und $n = 1$ ergibt sich

$$i_d = \frac{i_a}{1 - ni_a} = \frac{0,0398}{1 - 0,0398} \approx 0,0415.$$

Der Wert von 4, 15% wird von der Finanzagentur des Bundes
im Verkaufsprospekt als Rendite pro Jahr ausgewiesen.   □

Konformitäts-
prinzip

Übung 2.6 hat uns das so genannte *Konformitätsprinzip* nochmals verdeutlicht: Unterschiedliche Zinsmodelle mit ihren Zins-
sätzen sind vom wirtschaftlichen Ergebnis her äquivalent, wenn
sie zum gleichen Jahreszinssatz konform sind. Die abschließende Übung hilft Ihnen zu überprüfen, ob Sie dieses Prinzip
verstanden haben:

Übung 2.7

Die Finanzagentur gibt für den Finanzierungsschatz aus Beispiel 2.6 eine Rendite von 3, 70% aus. Wie wir später noch
sehen werden, bezieht sich die Rendite immer auf nachschüssige Zinseszinsen (so genannter Effektivzins). Überprüfen Sie die
Angabe der Finanzagentur!

Lösung 2.7

Es handelt sich hier um einen *einfachen*, vorschüssigen Zins
von $i_a = 3,5\%$ (Verkaufszinssatz). Zu diesem muss nun der
konforme nachschüssige *exponentielle* Zins i_Z berechnet werden.
Daher sind die Formeln $K_2 = K_0(1 + i_Z)^2$ und $K_2 = \frac{K_0}{1-2i_a}$
gleichzusetzen. Es ergibt sich $(1 + i_Z)^2 = \frac{1}{1-2i_a}$ und

$$i_Z = \sqrt{\frac{1}{1 - 2i_a}} - 1 = \sqrt{\frac{1}{1 - 2 \cdot 0,035}} - 1 \approx 0,037.$$

Man hätte — wie wir später sehen werden — auch die Gleichung $500 \, € = 465 \, € \, (1 + i_Z)^2$ nach i_Z auflösen können. □

Aufgrund des Konformitätsprinzips lassen sich alle Zinsmethoden in äquivalente Zinseszinsen überführen. Im nachfolgenden Abschnitt werden wir daher nur noch exponentielle Verzinsung betrachten.

2.4 Unterjährige und stetige Verzinsung

Bei vielen Kapitalanlagemöglichkeiten (beispielsweise Festgeldanlagen und variabel verzinslichen Anleihen) findet die Verzinsung nicht jährlich, sondern in kürzeren gleichlangen Zinsperioden (z.B. halbjährlich, quartalsweise, monatlich, etc.) statt.
Wir definieren daher:

Gibt es pro Jahr $m > 1$ gleichlange Zinsperioden, so spricht man von unterjähriger Verzinsung. Bei angegebenen Jahreszinssatz i wird dann pro Zinsperiode der so genannte Periodenzinssatz i_p angewandt:

$$i_p = \frac{i}{m}.$$

unterjährige
Verzinsung

Perioden-
zinssatz

Bei m Zinsperioden bzw. Zinsterminen pro Jahr ist pro Zinszahlung also der Zinsatz i_p zu verwenden. Insgesamt ergeben sich nach n Jahren dann $m \cdot n$ Zinszahlungen. Wir erhalten daher in Verallgemeinerung der Formel für jährliche Zinseszinsen:

Aus einem Anfangskapital von K_0 wird bei unterjähriger Verzinsung mit m gleichlangen Zinsperioden nach n Jahren bei einem Jahreszinssatz (p.a.) i ein Endkapital von

$$K_n = K_0 \cdot \left(1 + \frac{i}{m}\right)^{mn}.$$

Endkapital bei
m Zinsperioden

Beispiel 2.8

Sie legen bei Ihrer Bank 10.000 € Festgeld für 3% p.a. an. Dieses wird monatlich verzinst. Dann besitzen Sie nach zwei Jahren ein Endkapital von ($K_0 = 10.000$ €, $i = 0,03$, $m = 12$ und $n = 2$):

$$K_2 = K_0 \left(1 + \frac{i}{12}\right)^{12 \cdot 2} = 10.000 \; \text{€}(1+0,0025)^{24} = 10.617,57 \; \text{€}.$$

$\square$

Um Zinsangebote vergleichbar zu machen, benutzt man in der Regel Jahreszinssätze. Wir definieren daher:

effektiver
Zinssatz

> Der jährliche Zinssatz i_{eff}, für den sich bei einmaliger Verzinsung nach einem Jahr der gleiche Endwert wie bei unterjähriger Verzinsung ergibt, heißt effektiver Zinssatz bzw. der zum unterjährigen Zinssatz i_p konforme Jahreszinssatz.

Vergleich der Formeln für jährliche Zinseszinsen und unterjährige Verzinsung liefert:

Formel für
effektiven
Zinssatz

> Bei einem unterjährigem Zinssatz von i_p ergibt sich der effektive Zinssatz zu
>
> $$i_{\text{eff}} = (1 + i_p)^p - 1.$$

Beispiel 2.9

Wir setzen das Beispiel 2.8 fort und wollen wissen, welchen Zinssatz wir bei jährlicher Verzinsung für die Festgeldanlage bekommen müßten, um nach 2 Jahren das gleiche Endkapital zu erhalten. Dazu müssen wir nur den Effektivzins berechnen:

$$i_{\text{eff}} = (1 + 0,03/12)^{12} - 1 \approx 3,041596\%. \qquad \square$$

Übung 2.8

Erstellen Sie eine Tabelle mit allgemeinen Aufzinsungsfaktoren und Faktoren speziell für den Zinssatz 4% p.a. für die Zinsperioden $m = 1, 2, 4, 12, 360$.

Lösung 2.8

Für den einjährigen Bereich ergeben sich die Aufzinsungsfaktoren zu $\left(1 + \frac{i}{m}\right)^m$. Die Tabelle hat daher folgendes Aussehen:

Zinsperioden	Aufzinsungsfaktor allgemein	Bsp.: Zinsfaktor bei $i = 0,04$
jährlich	$(1 + i)$	$1,04 = 1,04000$
halbjährig	$(1 + \frac{i}{2})^2$	$(1,02)^2 = 1,04040$
vierteljährig	$(1 + \frac{i}{4})^4$	$(1,01)^4 \approx 1,04060$
monatlich	$(1 + \frac{i}{12})^{12}$	$(1,00\overline{3})^{12} \approx 1,04074$
täglich	$(1 + \frac{i}{360})^{360}$	$(1,000\overline{1})^{360} \approx 1,04081$

Man sieht, dass der Zinsfaktor mit zunehmender Periodenanzahl gegen einen Grenzwert konvergiert. $\square$

Wie Übung 2.8 zeigt, ergibt sich für den Aufzinsungsfaktor bei immer kürzeren Zinsperioden der aus der Analysis bekannte Grenzwert

$$\lim_{m \to \infty} \left(1 + \frac{i}{m}\right)^m = \mathrm{e}^i.$$

Da sich bei einer Laufzeit von n Jahren das Endkapital durch Multiplikation des Startkapitals mit der n-ten Potenz des obigen Faktors ergibt, erhalten wir (beachte $(\mathrm{e}^i)^n = \mathrm{e}^{in}$):

Bei stetiger Verzinsung mit dem Zinssatz i_s hat man ausgehend von einem Anfangskapital von K_0 nach n Jahren ein Endkapital von

$$K_n = K_0 \mathrm{e}^{i_s n}.$$

stetige Verzinsung

Für den zu i_s konformen Zinssatz i bei exponentieller Verzinsung gelten die Zusammenhänge

$$i = \mathrm{e}^{i_s} - 1 \quad \text{und} \quad i_s = \ln(1 + i).$$

konformer Zinseszins

Den stetigen Zinssatz i_s bezeichnet man auch als Zinsintensität.

Zinsintensität

Man kann daher jeden diskreten Zinsvorgang unter Benutzung des konformen Zinssatzes auch als stetigen Vorgang modellieren und umgekehrt. Solche Ansätze findet man beispielsweise in einem Spezialgebiet der Finanzmathematik, der Optionspreistheorie. Häufiger benutzt man die Formel der stetigen Verzin-

sung zur Modellierung natürlicher Wachstums- und Zerfallspro-
zesse (z.B. radioaktiver Zerfall).

2.5 Gemischte Verzinsung

*Oft wird nicht genau zu Beginn einer Zinsperiode auf ein Kon-
to einbezahlt (oder davon abgehoben), sondern innerhalb der
Zinsperiode. Banken greifen in diesem Fall auf „gemischte Verzinsung" zurück: Sie verzinsen linear für den Anfangszeitraum
(oder Endzeitraum) und mit Zinseszins während der Zinsperiode.*

Angenommen, ein Anfangskapital wird nicht für genau n
Jahre festgelegt. Der Anlagetag falle auf einen beliebigen Tag
des Jahres vor Beginn der n Jahre, so dass das Kapital zunächst
für einen Anfangszeitraum von t_1 Tagen festliegt. Nach Ablauf
der n Jahre werde das Kapital nicht sofort ausbezahlt, sondern
erst nach einem Endzeitraum von t_2 Tagen (s. Abb. 2.5).

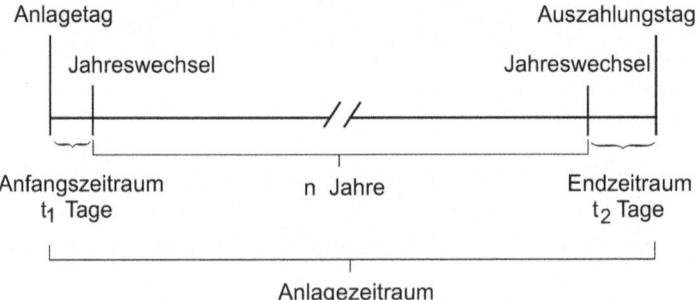

Abb. 2.5. Anlagezeitraum bei gemischter Verzinsung

In diesem Fall ist die so genannte gemischte Verzinsung üblich:

- Während der unterjährigen Zeitintervalle (Anfangszeitraum
  von t_1 Tagen, Endzeitraum von t_2 Tagen) wird das Kapital
  mit einfachen Zinsen verzinst.
- Über die n Jahre wird die Zinseszinsformel angewandt.

Unter Benutzung der bekannten Formeln für einfache Verzinsung und für exponentielle Verzinsung erhalten wir:

$$K = K_0 \cdot \underbrace{\left(1 + i\frac{t_1}{360}\right)}_{\substack{\text{lineare} \quad \text{Ver-}\\ \text{zinsung} \quad \text{für}\\ \text{den} \quad \text{Anfangs-}\\ \text{zeitraum}}} \cdot \underbrace{(1+i)^n}_{\substack{\text{Zinseszins}\\ \text{für } n \text{ Jahre}}} \cdot \underbrace{\left(1 + i\frac{t_2}{360}\right)}_{\substack{\text{lineare Verzin-}\\ \text{sung für den}\\ \text{Endzeitraum}}}$$

Wir notieren:

Bei der so genannten gemischten Verzinsung wird ein Anfangskapital K_0 zu einem Zinssatz i über einen Anfangszeitraum von t_1 Tagen und einen Endzeitraum von t_2 Tagen einfach verzinst, über einen Zeitraum von n Jahren exponentiell. Wir legen die 30/360 Zinsusance zugrunde. Es ergibt sich ein Endkapital von

$$K = K_0 \cdot \left(1 + i\frac{t_1}{360}\right) \cdot (1+i)^n \cdot \left(1 + i\frac{t_2}{360}\right).$$

gemischte
Verzinsung

Die Berechnung einfacher Zinsen in den unterjährigen Anteilen am Anlagezeitraum begünstigt dabei sogar (geringfügig) den Anleger. Das liegt daran, dass bei linearer Verzinsung über einen Zeitraum kleiner als ein Jahr stets ein höherer Wert erzielt wird als bei exponentieller Verzinsung, danach ist es selbstverständlich umgekehrt (s. Abb. 2.6).

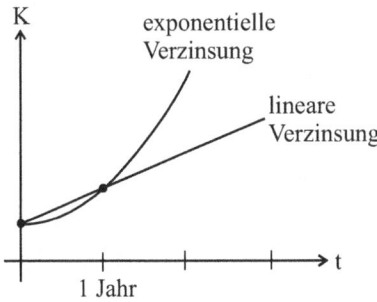

Abb. 2.6. Vergleich lineare und exponentielle Verzinsung

Beispiel 2.10

Sie legen am 1.10.2011 bei Ihrer Bank 10.000 € auf einem Sparbuch für $1{,}5\%$ an. Am 1.3.2016 wird das Sparbuch aufgelöst. Dann berechnet sich der Auszahlungsbetrag wie folgt: Der Anfangszeitraum im Jahr 2011 beträgt $t_1 = 90$ Tage (3 Monate).

Danach liegt das Kapital für $n = 4$ Jahre fest (von 2012 bis 2015). Im Jahr 2016 müssen schließlich noch $t_2 = 60$ Tage (2 Monate) Zinsen bezahlt werden.

$$K = 10.000\,\text{€} \cdot \left(1 + 0,015\frac{90}{360}\right) \cdot (1+0,015)^4 \cdot \left(1 + 0,015\frac{60}{360}\right)$$

Sie erhalten somit $10.680,07\,\text{€}$ ausbezahlt.   □

Übung 2.9
Ein Geldbetrag wurde vom 1.7.2006 bis zum 1.4.2013 zu 5% festgelegt. Ausbezahlt werden $4.172,30\,\text{€}$. Wie hoch war der festgelegte Betrag?

Lösung 2.9
Mit der Formel für gemischte Verzinsung erhält man:

$$4.172,30\,\text{€} = K_0 \cdot \left(1 + 0,05\frac{180}{360}\right) \cdot (1+0,05)^6 \cdot \left(1 + 0,05\frac{90}{360}\right).$$

Durch Auflösen nach K_0 ergibt sich ein Anfangskapital von $K_0 = 3.000\,\text{€}$.   □

2.6 Zusammenfassung: Zinsrechnung

Wichtige Begriffe aus der Zinsrechnung:

Kapital K, Zins z, Zinstermin, Zinsperiode, Zinsfuß p, Zinsrate i, Zinssatz, Zinsfaktor q, Laufzeit n, Zins p.a., Anfangskapital (Barwert) K_0, Endkapital (Endwert) K_n

---

Beispiel:

Anfangskapital	$K_0 = 1.000\,\text{€}$
Zinsfuß	$p = 5$
Zinsrate	$i = 0,05 = 5\,\%$
Zinsfaktor	$q = 1 + i = 1,05$
Laufzeit	$n = 2$ Jahre
Zins pro Jahr	$z = K_0 \cdot i = 50$ bei linearer Verzinsung
Endkapital	$K_2 = 1.100\,\text{€}$ bei linearer Verzinsung

Lineare Verzinsung (auch: einfache Verzinsung):

Formel: $\qquad\qquad K_n = K_0 \cdot (1 + n \cdot i)$

Beispiel: $\qquad\qquad$ Bundesschatzbrief Typ A, Sparbrief, Pfandbrief, wenn Laufzeit < 1 Jahr

Zinstagequotient: $t = \dfrac{\text{Zinstage}}{\text{Basistage}}$, $\quad$ dann $K_t = K_0 \cdot (1 + t \cdot i)$

Zinsusancen:

(verschiedene Berechnungsmethoden für Zinstage und Basistage)

- „actual/actual"
- „actual/360" (internationale Zinsusance)
- Standardisierte Zinsusance (365 Tage, 12 gleichlange Monate)
- „30/360"-Methode

  hier kaufmännische Zinsformel $z = \left(\frac{Kd}{100}\right) / \left(\frac{360}{p}\right)$ (d: Anzahl der Zinstage) zur Verzinsung bei Girokonten

(Beachte: Zählung der Tage beginnt mit Valutastellung und endet mit Tag vor Zinszahlung)

Exponentielle Verzinsung (auch: Zinseszinsen):

Formel: $K_n = K_0 \cdot (1 + i)^n = K_0 \cdot q^n$

dabei: Aufzinsungsfaktor q^n
analog: Abzinsungs- oder Diskontierungsfaktor $v^n = \frac{1}{q^n}$
Beispiel: ist übliche Verzinsung

Vorschüssige und nachschüssige Verzinsung:

- vorschüssige bzw. antizipative Zinsen fallen am Anfang einer Zinsperiode an
- nachschüssige bzw. dekursive Zinsen fallen am Ende einer Zinsperiode an (ist üblich)

vorschüssige Zinsen:
bei linearer Verzinsung: $K_0 = K_n \cdot (1 - n \cdot i)$
bei exponentieller Verzinsung: $K_0 = K_n \cdot (1 - i)^n$

Konforme Verzinsung:
vorschüssiger (antizipativer) Zinssatz i_a entspricht einem nachschüssigen (dekursiven) Zinssatz i_d (und umgekehrt)

bei linearer Verzinsung: $i_d = \frac{i_a}{1 - n \cdot i_a}$
bei exponentieller Verzinsung: $i_d = \frac{i_a}{1 - i_a}$

Unterjährige Verzinsung:
pro Jahr: $m > 1$ Zinsperioden
Periodenzinssatz: $i_p = \frac{i}{m}$

$$K_n = K_0 \cdot \left(1 + \frac{i}{m}\right)^{m \cdot n}$$

entspricht effektivem Zinssatz i_{eff} mit

$$\left(1 + \frac{i}{m}\right)^m = 1 + i_{eff} \quad \text{bzw.} \quad i_{eff} = \left(1 + \frac{i}{m}\right)^m - 1$$

Stetige Verzinsung:
Sonderfall der unterjährigen Verzinsung mit Zinseszinsen, Zinssatz i_s
Anzahl der Zinsperioden m gegen Unendlich

$$\lim_{m \to \infty} \left(1 + \frac{i_s}{m} \right)^m = e^{i_s},$$

also

$$K_n = K_0 \cdot e^{i_s \cdot n}$$

Gemischte Verzinsung:
Anfangskapital K_0, Zinssatz i, „30/360"-Zinsusance
Verzinsungszeitraum:

- Anfangszeitraum von t_1 Tagen, Endzeitraum von t_2 Tagen, dabei lineare Verzinsung
- Zeitraum von n Jahren, dabei exponentielle Verzinsung

$$K = K_0 \cdot \left(1 + i \frac{t_1}{360} \right) \cdot (1 + i)^n \cdot \left(1 + i \frac{t_2}{360} \right)$$

2.7 Summary: Calculation of interest

Definitions:

Kapital	capital
Anfangskapital	initial capital, beginning amount
Barwert	present value
Endkapital	final capital, ending amount
Endwert	future value
Zins	interest
Zinsrate	rate of interest in percentage
Zinsfuß	interest rate
Anzahl der Zinsperioden, Laufzeit	number of interest periods

Definitions:
Einfache Verzinsung   simple interest
Exponentielle Verzinsung   compound interest

Abzinsung   discounting
Aufzinsung   compounding

Zinsusancen   day count conventions, day count bases
Schaltjahr   leap-year
Stückzinsen   accrued interest

Vorschüssige Verzinsung   interest in advance
Nachschüssige Verzinsung   interest in arrears

Definitions:
Unterjährige Verzinsung   non-annual interest

Periodenzinssatz   non-annual interest rate, periodic rate
Effektiver Zinssatz   effective annual interest rate,
                              effective per annum interest rate,
                              effective interest rate p.a.

Stetige Verzinsung   continuous interest
Gemischte Verzinsung   mixed interest

Simple interest:

$$K_n = K_0 \cdot (1 + n \cdot i)$$

Compound interest:

$$K_n = K_0 \cdot (1 + i)^n = K_0 \cdot q^n$$

Discounting, compounding:
discount interest factors are multipliers that translate the future value of an investment into its equivalent present value

$$K_0 = \frac{K_n}{1 + n \cdot i} \text{ (simple interest)} \quad \text{or} \quad K_0 = \frac{K_n}{(1 + i)^n} \text{ (compound interest)}$$

Interest in advance, interest in arrears:
- interest is calculated at the beginning of the interest period, i.e. in advance
- interest is calculated at the end of the interest period, i.e. in arrears, most common

---

Non-annual interest (for periods of less than a year):
$m > 1$: number of periods within a year, frequency
non-annual interest rate, periodic rate: $i_p = \frac{i}{m}$

$$K_n = K_0 \cdot \left(1 + \frac{i}{m}\right)^{m \cdot n}$$

examples: semi-annual interest $m = 2$
            quarterly interest $m = 4$
            monthly interest $m = 12$
            daily interest $m = 365$
effective annual interest rate i_{eff} with

$$\left(1 + \frac{i}{m}\right)^m = 1 + i_{eff} \quad \text{or} \quad i_{eff} = \left(1 + \frac{i}{m}\right)^m - 1$$

Continuous interest:
special case of non-annual compound interest, interest rate i_s
number of interest periods m to infinity: $\lim_{m \to \infty} \left(1 + \frac{i_s}{m}\right)^m = e^{i_s}$
therefore

$$K_n = K_0 \cdot e^{i_s \cdot n}$$

Mixed interest:
initial capital K_0, interest rate in percentage i, „30/360"-day count-convention
- t_1 days at the beginning, t_2 days at the end, simple interest
- n years, compound interest

$$K = K_0 \cdot \left(1 + i\frac{t_1}{360}\right) \cdot (1+i)^n \cdot \left(1 + i\frac{t_2}{360}\right)$$

2.8 Übungsaufgaben

Einfache und exponentielle Verzinsung

1.) Berechnen Sie für ein Anfangskapital von 10.000 € bei einem Zinssatz von 5,5% das Endkapital nach 2, 5, 10 oder 100 Jahren bei a) einfacher Verzinsung, b) exponentieller Verzinsung.

2.) Berechnen Sie für ein Anfangskapital bei einem Zinssatz von 5,5%, wann es sich verdoppelt hat unter a) einfacher Verzinsung, b) exponentieller Verzinsung.

Zinsusancen

1.) Ein Betrag von 1.000 € wird zu 5% p.a. vom 1.1.2016 bis zum 5.3.2016 verzinst. (Beachte: 2016 ist ein Schaltjahr!) Berechnen Sie den Zins unter Berücksichtigung der Zinsusance a) „actual/actual", b) „actual/360", c) „30/360".

2.) Sie kaufen am 7.12.2014 (Valuta) einen Bundesschatzbrief mit Zinslauf ab 1.11.2014 und 0,5% Zins für das erste Jahr. Wie viele Stückzinsen sind bei einem Nennwert von 5.000 € zu zahlen (Zinsusance: „actual/actual")?

Exponentielle Verzinsung

1.) Wie lange dauert es (Zinseszinsrechnung), bis sich ein Anfangskapital verdoppelt a) bei 1%, b) bei 2%, c) bei 5%, d) bei 10% Verzinsung?

2.) Wieviel Kapital müssen Sie heute anlegen, um in 5 Jahren bei 2,5% exponentieller Verzinsung 10.000 € zur Verfügung zu haben?

3.) Sie legen heute 5.000 € zu 3% p.a. an. Wie viele Jahre müssen Sie warten, bis Sie 7.000 € besitzen?

4.) Sie möchten Ihr Geld so anlegen, dass in 10 Jahren aus 10.000 € schließlich 15.000 € geworden sind. Welchen jährlichen Zinssatz muss Ihnen die Bank bieten?

5.) Eine Bank lockt mit dem Angebot: *Wir verdoppeln Ihr Kapital in 20 Jahren.* a) Welche Verzinsung bietet die Bank? b) Nach wie vielen Jahren hat sich Ihr Kapital verdreifacht?

Vorschüssige und nachschüssige Verzinsung

1.) Wie viel bezahlen Sie für einen zweijährigen Finanzierungsschatz bei einem Nennwert von 1.000 € und einem Verkaufszinssatz (d.h. einfacher vorschüssiger Zins) von 3% ?

2.) Beim Diskontieren von Wechseln wird die einfache vorschüssige Verzinsung benutzt. Sie reichen bei Ihrer Bank einen Wechsel in Höhe von 3.000 € genau 20 Tage vor Fälligkeit ein. Welchen Betrag erhalten Sie bei einem Zins von 5% p.a. (Zinsusance „actual/360")?

3.) Wir vergleichen vorschüssige und nachschüssige Verzinsung:

   a) Bei einer Geldanlage (Zinsperiode von 3 Jahren, Endkapital von 10.000 €, exponentielle Verzinsung mit 3,5%) ist das Anfangskapital bei vorschüssiger Verzinsung zu berechnen.

   b) Nun soll das Anfangskapital aus Teil a) für 3 Jahre mit 3,5% p.a. (nachschüssig) verzinst werden. Wie groß wäre in diesem Fall das Endkapital?

   c) Offenbar erhält man in b) einen kleineren Betrag als 10.000 €. Wie hoch müßte das Anfangskapital aus a) verzinst werden (so genannter konformer Zinssatz), um nach 3 Jahren ein Endkapital von 10.000 € zu erhalten?

4.) Sie haben einen neuen Rechner im Wert von 5.000 € für Ihre kleine Firma angeschafft. Den Wertverlust des Rechners schreiben Sie geometrisch degressiv ab (d.h. vorschüssige exponentielle Verzinsung). Welchen Wert hat Ihr Rechner nach 3 Jahren, wenn Sie jährlich 25% abschreiben?

Unterjährige und stetige Verzinsung

1.) Ein Betrag von 1.000 € wird zu 4% p.a. für 1 Jahr angelegt. Berechnen Sie den Endbetrag bei a) jährlicher, b) halbjährlicher, c) quartalsmäßiger, d) monatlicher und bei e) täglicher Verzinsung.

2.) Gegeben sei ein Zinssatz von 5% p.a. Berechnen Sie den effektiven Jahreszins bei halbjähriger, quartalsmäßiger, monatlicher und bei stetiger Verzinsung.

3.) Gegeben sei ein Startkapital von 200 €. a) Welches Endkapital hat man bei stetiger Verzinsung mit 3% nach 2 Jahren? b) Wie hoch müßte der Zins bei exponentieller Verzinsung sein, um den gleichen Zinsbetrag zu bekommen wie bei stetiger Verzinsung mit 3%?

4.) Ein Betrag von 10.000 € wird zu einem Zinssatz von 5% p.a. für 6 Monate festgelegt. Berechnen Sie das Endkapital bei a) einfacher Verzinsung, b) Zinseszinsrechnung bei monatlicher Verzinsung, c) Zinseszinsrechnung bei jährlicher Verzinsung.

Gemischte Verzinsung

1.) Ein Betrag von 2.000 € wird für 2 Jahre und 3 Monate zu 5% p.a. angelegt. Wie hoch ist der Endbetrag bei gemischter Verzinsung?

2.) Ein Betrag von 10.000 € wird vom 24.12.2013 bis zum 5.2.2019 zu 6% p.a. angelegt. Wie hoch ist der Endbetrag bei gemischter Verzinsung („30/360"-Zinsusance)?

3.) Ein Betrag von 10.000 € wird zu 6% p.a. für 4 Jahre und 3 Monate angelegt. Berechnen Sie das Endkapital bei a) gemischter Verzinsung, b) monatlicher Verzinsung.

2.9 Lösungen

Einfache und exponentielle Verzinsung

1.) Bei einem Anfangskapital von 10.000 € und einem Zinssatz von 5,5% ergibt sich nach 2, 5, 10 oder 100 Jahren folgendes Endkapital
a) bei einfacher Verzinsung:

$$
\begin{aligned}
K_2 &= 10.000\,€ \cdot (1 + 2 \cdot 0,055) &&= 11.100,00\,€, \\
K_5 &= 10.000\,€ \cdot (1 + 5 \cdot 0,055) &&= 12.750,00\,€, \\
K_{10} &= 10.000\,€ \cdot (1 + 10 \cdot 0,055) &&= 15.500,00\,€, \\
K_{100} &= 10.000\,€ \cdot (1 + 100 \cdot 0,055) &&= 65.000,00\,€,
\end{aligned}
$$

b) bei exponentieller Verzinsung:

$$
\begin{aligned}
K_2 &= 10.000\,€ \cdot (1 + 0,055)^2 &&= 11.130,25\,€, \\
K_5 &= 10.000\,€ \cdot (1 + 0,055)^5 &&= 13.069,60\,€, \\
K_{10} &= 10.000\,€ \cdot (1 + 0,055)^{10} &&= 17.081,44\,€, \\
K_{100} &= 10.000\,€ \cdot (1 + 0,055)^{100} &&= 2.114.686,36\,€.
\end{aligned}
$$

2.) Ein Anfangskapital hat sich bei einem Zinssatz von 5,5% verdoppelt
a) bei einfacher Verzinsung nach mehr als 18 Jahren:

$$
\begin{aligned}
K_n = 2 \cdot K_0 &= K_0 \cdot (1 + n \cdot 0,055) \\
2 &= 1 + n \cdot 0,055 \\
1 &= n \cdot 0,055 \\
n &= \tfrac{1}{0,055} \approx 18,18
\end{aligned}
$$

b) bei exponentieller Verzinsung nach weniger als 13 Jahren:

$$
\begin{aligned}
K_n = 2 \cdot K_0 &= K_0 \cdot (1 + 0,055)^n \\
2 &= (1 + 0,055)^n = 1,055^n \\
\ln 2 &= n \cdot \ln 1,055 \\
n &= \tfrac{\ln 2}{\ln 1,055} \approx 12,95
\end{aligned}
$$

Zinsusancen

1.) Der Zins berechnet sich je nach Zinsusance zu

a) $1.000\,€ \cdot 0,05 \cdot (31 + 29 + 5)/366 = 8,88\,€,$
b) $1.000\,€ \cdot 0,05 \cdot (31 + 29 + 5)/360 = 9,03\,€,$
c) $1.000\,€ \cdot 0,05 \cdot (30 + 30 + 5)/360 = 9,03\,€.$

2.) Die Stückzinsen berechnen sich zu

$$
K_0 \cdot i \cdot t = 5.000\,€ \cdot 0,005 \cdot \frac{30 + 6}{365} = 2,47\,€.
$$

Man beachte, dass ab dem Tag der Valutastellung die Zinsen dem Käufer zustehen (siehe Beispiel 2.3, Seite 7).

Exponentielle Verzinsung

1.) Die Verdoppelung eines Anfangskapitals (Zinseszinsrechnung) bei einem Zinssatz von i berechnet sich zu

$$K_n = 2 \cdot K_0 = K_0 \cdot (1+i)^n$$
$$2 = (1+i)^n$$
$$n = \frac{\ln 2}{\ln(1+i)}$$

a) Bei einem Zinssatz von $i = 0,01 : n \approx 69,66$ Jahre.
b) Bei einem Zinssatz von $i = 0,02 : n \approx 35,00$ Jahre.
c) Bei einem Zinssatz von $i = 0,05 : n \approx 14,21$ Jahre.
d) Bei einem Zinssatz von $i = 0,10 : n \approx 7,27$ Jahre.

2.) Wegen $10.000 \, \text{€} = K_0 \cdot 1,025^5$ gilt

$$K_0 = \frac{10.000 \, \text{€}}{1,025^5} = 8.838,54 \, \text{€}.$$

3.) Wegen $7.000 \, \text{€} = 5.000 \, \text{€} \cdot 1,03^n$ ist

$$n = \frac{\ln(7.000 \, \text{€}/5.000 \, \text{€})}{\ln(1,03)} \approx 11,38.$$

4.) Wegen $15.000 \, \text{€} = 10.000 \, \text{€} \cdot (1+i)^{10}$ ist

$$i = \sqrt[10]{\frac{15.000 \, \text{€}}{10.000 \, \text{€}}} - 1 \approx 0,0413797.$$

Der gesuchte Zinssatz beträgt also i=4,14%.

5.) a) Wegen $2 \cdot K_0 = K_{20} = K_0 \cdot (1+i)^{20}$ müßte Ihnen die Bank einen Zinssatz von $i = \sqrt[20]{2} - 1 \approx 0,035264$ bieten.
b) Wegen $K_n = 3 \cdot K_0 = K_0 \cdot 1,035264^n$ ist $n = \frac{\ln 3}{\ln 1,035264} \approx 31,7$. Also dauert es fast 32 Jahre bis sich das Anfangskapital verdreifacht hat.

Vorschüssige und nachschüssige Verzinsung

1.) Bei zweijähriger Laufzeit und einfachem vorschüssigen Zins ergibt sich:
$K_0 = K_2 \cdot (1 - 2 \cdot i) = 1.000 \, \text{€} \cdot (1 - 2 \cdot 0,03) = 940 \, \text{€}.$

2.) Bei einfacher vorschüssiger Verzinsung berechnet sich der Barwert zu

$$K_0 = K_n \cdot (1 - n \cdot i)$$
$$= 3.000 \, \text{€} \cdot \left(1 - \frac{20}{360} \cdot 0,05\right)$$
$$= 2.991,67 \, \text{€}.$$

3.) a) $K_0 = K_3 \cdot (1 - i)^3 = 10.000 \, € \cdot (1 - 0,035)^3 = 8.986, 32 \, €$

   b) $K_3 = K_0 \cdot (1 + i)^3 = 8.986, 32 \, € \cdot (1 + 0,035)^3 = 9.963, 29 \, €$

   c) Wegen $10.000 \, € = 8.986, 32 \, € \cdot (1 + i_{konf})^3$ ist

$$i_{konf} = \sqrt[3]{\frac{10.000 \, €}{8.986, 32 \, €}} - 1 \approx 0,03627.$$

Man kann hier auch die Formel $i_d = \frac{i_a}{1 - i_a} = \frac{0,035}{1 - 0,035} \approx 0,03627$ verwenden.

4.) Ihr Rechner hat nach 3 Jahren noch einen Wert von

$$5.000 \, € \cdot (1 - 0,25)^3 = 2.109, 38 \, €.$$

Unterjährige und stetige Verzinsung

1.) Bei a) jährlicher, b) halbjährlicher, c) quartalsmäßiger, d) monatlicher und bei
   e) täglicher Verzinsung ergibt sich folgender Endbetrag:

$$
\begin{aligned}
&a) \ 1.000 \, € \cdot 1,04 && = 1.040, 00 \, €, \\
&b) \ 1.000 \, € \cdot (1 + 0,04 \cdot \tfrac{1}{2})^2 && = 1.040, 40 \, €, \\
&c) \ 1.000 \, € \cdot (1 + 0,04 \cdot \tfrac{1}{4})^4 && = 1.040, 60 \, €, \\
&d) \ 1.000 \, € \cdot (1 + 0,04 \cdot \tfrac{1}{12})^{12} && = 1.040, 74 \, €, \\
&e) \ 1.000 \, € \cdot (1 + 0,04 \cdot \tfrac{1}{365})^{365} && = 1.040, 81 \, €.
\end{aligned}
$$

2.) Wegen

$$i_{eff} = \left(1 + \frac{i}{m}\right)^m - 1$$

folgt bei halbjähriger Verzinsung mit $m = 2$:

$$i_{eff} = \left(1 + \frac{0,05}{2}\right)^2 - 1 \approx 0,050625,$$

bei quartalsmäßiger Verzinsung mit $m = 4$:

$$i_{eff} = \left(1 + \frac{0,05}{4}\right)^4 - 1 \approx 0,0509453,$$

bei monatlicher Verzinsung mit $m = 12$:

$$i_{eff} = \left(1 + \frac{0,05}{12}\right)^{12} - 1 \approx 0,0511619$$

und bei stetiger Verzinsung:

$$i_{eff} = e^{0,05} - 1 \approx 0,0512711.$$

3.) a) Wegen $K_n = K_0 \cdot e^{i_s \cdot n}$ ist $K_2 = 200 \, \text{€} \cdot e^{0,03 \cdot 2} = 212,37 \, \text{€}$.

b) Wegen $i = e^{i_s} - 1$ ist $i = e^{0,03} - 1 \approx 0,03045$.

4.) Das gesuchte Endkapital berechnet sich zu

$$\begin{aligned}
\text{a)} \quad K &= 10.000 \, \text{€} \cdot \left(1 + \tfrac{6}{12} \cdot 0,05\right) = 10.250,00 \, \text{€}, \\
\text{b)} \quad K &= 10.000 \, \text{€} \cdot \left(1 + \tfrac{0,05}{12}\right)^{12 \cdot \frac{1}{2}} = 10.252,62 \, \text{€}, \\
\text{c)} \quad K &= 10.000 \, \text{€} \cdot (1 + 0,05)^{1/2} = 10.246,95 \, \text{€}.
\end{aligned}$$

Gemischte Verzinsung

1.) Bei der gemischten Verzinsung ergibt sich für den Endbetrag

$$2.000 \, \text{€} \cdot 1,05^2 \cdot \left(1 + 0,05 \cdot \frac{3}{12}\right) = 2.232,56 \, \text{€}.$$

2.) Bei der gemischten Verzinsung erhält man den Endbetrag

$$10.000 \, \text{€} \cdot \left(1 + 0,06 \cdot \frac{8}{360}\right) \cdot 1,06^5 \cdot \left(1 + 0,06 \cdot \frac{35}{360}\right) = 13.478,27 \, \text{€}.$$

3.) Für das Endkapital ergibt sich

a) bei gemischter Verzinsung:
$$10.000 \, \text{€} \cdot 1,06^4 \cdot \left(1 + 0,06 \cdot \tfrac{3}{12}\right) = 12.814,14 \, \text{€},$$

b) bei monatlicher Verzinsung:
$$10.000 \, \text{€} \cdot \left(1 + 0,06 \cdot \tfrac{1}{12}\right)^{4 \cdot 12 + 3} = 12.896,42 \, \text{€}.$$

2.10 Klausur

Aufgabe 1: (4 Punkte)
Sie legen ein Kapital zu 4,5% p.a. an. Wann hat es sich verdreifacht
a) bei linearer Verzinsung?
b) bei exponentieller Verzinsung?

Aufgabe 2: (4 Punkte)
Für den Zeitraum von n Jahren bis zur Verdoppelung eines Kapitals bei exponentieller Verzinsung mit dem Zinsfuß p gibt es die Näherungsformel

$$n \approx \frac{70}{p}.$$

Leiten Sie diese Näherungsformel her! (Hinweis: $\ln(1 + x) \approx x$ für kleine x)

Aufgabe 3: (3 Punkte)

Was ist günstiger für den Anleger? (Begründung!)

a) exponentielle Verzinsung,

b) lineare Verzinsung,

c) kommt darauf an.

Aufgabe 4: (4 Punkte)

Sie legen $1.000\,€$ bei einer Verzinsung von 2,25% p.a. an. Anlagezeitraum ist vom 30.1.2014 (Valutastellung) bis zum 8.3.2014. Das Endkapital K berechnet sich dann nach der Formel

$$K = 1.000\,€ \cdot (1 + t \cdot 0,0225).$$

Der Faktor t hängt dabei von der verwendeten Zinsusance ab.

Geben Sie die Faktoren t als Bruch (Zähler durch Nenner) an bei den folgenden Zinsusancen: „30/360", „actual/360", „actual/365", „actual/actual". (Zur Erinnerung: Der Januar 2014 hat 31 Tage, der Februar 28 Tage. Der Verzinsungszeitraum endet mit dem Tag vor der Zinszahlung.)

Aufgabe 5: (3 Punkte)

Ein Sparer hat zwei Angebote

a) jährliche Verzinsung mit 6% p.a.,

b) quartalsmäßige Verzinsung mit 5,9% p.a.

Rechnen Sie im Fall b) den effektiven Jahreszins aus.

Was ist also günstiger für den Sparer?

Aufgabe 6: (3 Punkte)

Das folgende Diagramm veranschaulicht drei verschiedene Vermögensentwicklungen beim gleichen Zinssatz. Es handelt sich um

a) jährliche Verzinsung,

b) stetige Verzinsung,

c) halbjährige Verzinsung.

Ordnen Sie dem Diagramm die Verzinsungsarten a), b) und c) zu.

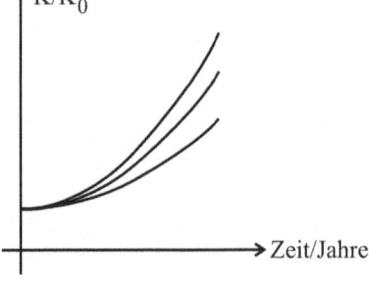

Aufgabe 7: (4 Punkte)

Auf welchen Betrag wächst ein Kapital von 4.000 € bei vorschüssigen jährlichen Zinseszinsen von 3,5% in 2 Jahren an?

Welchem konformen nachschüssigen Zinssatz entspricht dies?

Aufgabe 8: (3 Punkte)

Sie legen 4.000 € Mitte des Jahres bei kalenderjährlicher Verzinsung von 3% p.a. an. (Kalenderjährlich bedeutet, dass der Zins immer am Jahresende gezahlt wird.)

Wie hoch ist das Endkapital nach 7 Jahren? (Gemischte Verzinsung!)

Aufgabe 9: 4 Punkte

Ein Kapital von 15.000 € wird 3 Jahre lang mit 4,5%, danach 1 Jahr lang mit 5%, anschließend 2 Jahre lang mit 6% verzinst.

Wie hoch ist das Endkapital nach 6 Jahren?

Zu welchem durchschnittlichen Zinssatz ist das Kapital angelegt?

2.11 Lösungen zur Klausur

Aufgabe 1: (4 Punkte)

a) Bei linearer Verzinsung hat sich das Kapital verdreifacht nach 44,44 Jahren.

$$3 = 1 + n \cdot 0,045 \quad \Rightarrow \quad n = \frac{3-1}{0,045} \approx 44,44$$

b) Bei exponentieller Verzinsung hat sich das Kapital verdreifacht nach 24,96 Jahren.

$$3 = 1,045^n \quad \Rightarrow \quad n = \frac{\ln 3}{\ln 1,045} \approx 24,96$$

Aufgabe 2: (4 Punkte)

Für die Verdoppelung eines Kapitals ergibt sich:

$$2 = (1 + p/100)^n \quad \Rightarrow \quad n = \frac{\ln 2}{\ln(1 + p/100)} \approx \frac{0,693}{p/100} \approx \frac{70}{p}$$

Aufgabe 3: (3 Punkte)
Es kommt darauf an: Für Laufzeiten kleiner 1 Jahr ist lineare Verzinsung günstiger, für Laufzeiten größer 1 Jahr ist exponentielle Verzinsung günstiger.

Aufgabe 4: (4 Punkte)
Zinsusance „30/360": $\qquad t = \frac{2+30+7}{360} = \frac{39}{360}$

Zinsusance „actual/360": $\quad t = \frac{2+28+7}{360} = \frac{37}{360}$

Zinsusance „actual/365": $\quad t = \frac{2+28+7}{365} = \frac{37}{365}$

Zinsusance „actual/actual": $t = \frac{2+28+7}{365} = \frac{37}{365}$

Aufgabe 5: (3 Punkte)
Der effektive Jahreszins im Fall b) beträgt 6,03%.

$$i_{eff} = \left(1 + \frac{i}{p}\right)^p - 1 = \left(1 + \frac{0,059}{4}\right)^4 - 1 \approx 6,03\%$$

Günstiger für den Sparer ist somit Alternative b).

Aufgabe 6: (3 Punkte)

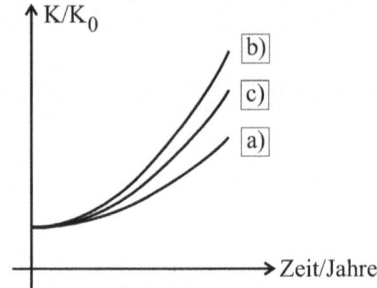

Aufgabe 7: (4 Punkte)
Das Endkapital beträgt $4.295,42 \, €$.

$$K_2 = \frac{K_0}{(1 - i_a)^n} = \frac{4000 \, €}{(1 - 0,035)^2} \approx 4.295,42 \, €$$

Der äquivalente konforme nachschüssige Zinssatz beträgt ca. 3,63%.

$$i_d = \frac{i_a}{1 - i_a} = \frac{0,035}{1 - 0,035} \approx 3,62694\%$$

Aufgabe 8: (3 Punkte)
Das Endkapital beträgt $4.920,57 \, €$.

$$4000 \, € \cdot \left(1 + \frac{0,03}{2}\right) \cdot 1,03^6 \cdot \left(1 + \frac{0,03}{2}\right) = 4000 \, € \cdot 1,015^2 \cdot 1,03^6 \approx 4920,57 \, €$$

Aufgabe 9: (4 Punkte)
Das Endkapital beträgt $20.194,88 \, €$.

$$15.000 \, € \cdot 1,045^3 \cdot 1,05 \cdot 1,06^2 \approx 20.194,88 \, €$$

Der durchschnittliche Zinssatz beträgt ca. 5,08%.

$$i = \sqrt[6]{\frac{K_6}{K_0}} - 1 = \sqrt[6]{\frac{20.194,88 \, €}{15.000 \, €}} - 1 \approx 0,0508119$$

bzw. mit dem geometrischen Mittel berechnet

$$i = \sqrt[6]{1,045^3 \cdot 1,05 \cdot 1,06^2} - 1 \approx 5,08119\%$$

Kapitel 3
Äquivalenzprinzip der Finanzmathematik

Die Lösung vieler Probleme der Finanzmathematik geht auf einen im Wirtschaftsleben allgemein anerkannten Grundsatz, das so genannte Äquivalenzprinzip, zurück. Dieses besagt, dass Leistung und Gegenleistung gleichwertig sein müssen: Man fordert also die Äquivalenz der korrespondierenden Zahlungsströme. Wesentlich dabei ist die Bedingung, dass alle Kapitalbewegungen auf ein und denselben Stichtag auf- bzw. abgezinst, saldiert und erst dann verglichen werden.

3.1 Barwertkonzept und Äquivalenzprinzip

Offensichtlich ist es vorteilhafter, schon heute über einen Geldbetrag (=Zahlung) verfügen zu können, als den gleichen Betrag erst in ferner Zukunft zu erhalten: Aufgrund potentieller Inflation ist in ein paar Jahren die Kaufkraft des Betrages vermutlich geringer, zudem kann eine früher erhaltene Zahlung zwischenzeitlich zinsbringend angelegt werden. Mit dem Barwertkonzept ist es möglich, mehrere Zahlungen, die zu unterschiedlichen Zeitpunkten anfallen, auf einen gemeinsamen Zeitpunkt umzurechnen und vergleichbar zu machen. Die durch dieses Konzept postulierte Beziehung zwischen heutigem und zukünftigem Wert einer Zahlung bezeichnet man als Äquivalenzprinzip.

Nehmen wir an, dass eine Firma für eine *heute* auszuführende Arbeit zwei Bonus-Alternativen anbietet:

- Als Bonuszahlung gibt es in einem Jahr 1.000 €.
- Als Bonuszahlung gibt es in zwei Jahren 1.080 €.

Welche Bonusauszahlung ist zu präferieren?

Um die bessere Alternative herauszufinden, sollte man wissen, was die beiden unterschiedlichen Zahlungsversprechen *heute* wert sind. Dazu muss man den Zinssatz für risikolose Geldanlagen (z.B. Bundesschatzbrief, Sparbuch etc.) kennen. Geht man davon aus, dass dieser für die beiden nächsten Jahre bei 7% p.a. liegt, dann ergibt sich folgende Situation:

- Man müsste *heute* 934,58 € anlegen, um nach einem Jahr genau 1.000 € zurückzubekommen.
- Legt man *heute* 943,31 € an, so erhält man nach einem Jahr 1.009,34 € und (bei Verzinsung dieses Betrags) nach zwei Jahren 1.080 €.

Die zweite Alternative ist also *heute* 8,73 € (= 943,31 € − 934,58 €) mehr wert und damit vorzuziehen!

Allgemein müssen näher liegende Zahlungen höher geschätzt werden als weiter in der Zukunft liegende. Früher zufließende Zahlungen können ja sofort wieder zinsbringend angelegt werden. In obigem Beispiel hat man zwei *Zahlungsfolgen* bzw. *Zahlungsströme* $(z_t), (z_t')$ zu den Zeitpunkten $t = 0, 1, 2$ Jahre:

Zahlungsfolge,
Zahlungsstrom

- $z_0 = 0$ €, $z_1 = 1.000$ €,
- $z_0' = 0$ €, $z_1' = 0$ €, $z_2' = 1.080$ €.

Um diese vergleichen zu können, muss man die Zahlungen beider Ströme mittels Auf- oder Abzinsung auf einen festen *Bezugszeitpunkt* umrechnen. Als Bezugszeitpunkt benutzt man häufig die Gegenwart. Man spricht dann vom *Barwert* einer Zahlungsfolge. Wählt man den Endzeitpunkt einer Zahlungsfolge, so spricht man vom *Endwert*. Wir definieren daher:

Bezugszeit-
punkte

Erhält man zum Zeitpunkt $t = 1$ die (sichere) Zahlung z_1, so heißt der durch Abzinsung mit dem Zinssatz i erhaltene Wert

Barwert,
Abzinsung

$$BW = \frac{z_1}{(1+i)}$$

der Barwert (present value) von z_1. Dies ist der Wert von z_1 zum Zeitpunkt $t = 0$. Durch Aufzinsung des Barwertes mittels

Endwert,
Aufzinsung

$$EW = BW \cdot (1+i)$$

BW, EW

erhält man umgekehrt den Endwert (future value) der Zahlung. Zukünftig seien Barwert mit BW und Endwert mit EW abgekürzt.

Beispiel 3.1

Der Barwert der ersten Alternative aus unserem Beispiel ist

$$BW = \frac{1.000 \, €}{(1 + 0,07)} = 934,58 \, €. \qquad \square$$

Die Begriffe „Barwert" und „Endwert" lassen sich auf beliebige Zahlungsfolgen und Zinsperioden (ungleich einem Jahreszeitraum) erweitern:

Sei $(z_t)_{t=0,1,2,\ldots,n}$ eine Zahlungsfolge, wobei z_t jeweils die Zahlung nach t Zinsperioden darstellt. Angenommen wird zudem ein sog. Kalkulationszinssatz bzw. kalkulatorischer Zinssatz i.

- Dann ergibt sich der Barwert BW der Zahlungsfolge durch Abzinsung bzw. Diskontierung aller zukünftigen Zahlungen auf den Betrachtungszeitpunkt $t = 0$ zu

$$BW = z_0 + z_1(1+i)^{-1} + z_2(1+i)^{-2} + \ldots + z_n(1+i)^{-n}$$
$$= \sum_{t=0}^{n} z_t(1+i)^{-t}.$$

Barwert, Abzinsung

- Um den Endwert EW des Zahlungsstroms zu ermitteln, müssen alle zukünftigen Zahlungen auf den Betrachtungszeitpunkt $t = n$ aufgezinst werden:

$$EW = z_0(1+i)^n + z_1(1+i)^{n-1} + \ldots + z_n$$
$$= \sum_{t=0}^{n} z_t(1+i)^{n-t} = BW \cdot (1+i)^n.$$

Endwert, Aufzinsung

- Der Wert W_τ einer Zahlungsfolge zu einem beliebigen Zeitpunkt $\tau \in [0, n]$ ergibt sich zu

$$W_\tau = BW \cdot (1+i)^\tau.$$

Wert zu beliebigem Zeitpunkt

Übung 3.1

Ermitteln Sie den Barwert der zweiten Bonusalternative des obigen Beispiels.

Lösung 3.1

Wegen der Beziehung $EW = BW \cdot (1+i)^2$ ergibt sich der Barwert zu

$$BW = \frac{EW}{(1+i)^2} = \frac{1.080\ €}{(1+0,07)^2} = 943,31\ €.$$ □

Man beachte folgende Anmerkungen beim Umgang mit dem Barwertkonzept:

- Bei Kapitalanlagen wird man grundsätzlich eine marktgerechte Verzinsung, den sog. Marktzinssatz, erhalten. Deshalb ist es meistens sinnvoll, als Kalkulationszinssatz den (risikolosen) Marktzinssatz zu benutzen.
- Die Elemente z_t der Zahlenfolge können positives oder negatives Vorzeichen haben, je nachdem ob es sich um Kapitalzuflüsse oder -abflüsse handelt.

Offensichtlich sind also zwei Zahlungen z_0 und z_n (fällig im Zeitpunkt $t = 0$ bzw. nach n Zinsperioden) gleichwertig (äquivalent), wenn zwischen ihnen die Beziehung $z_0 = z_n/(1+i)^n$ gilt. In Verallgemeinerung ermöglichen daher die Barwerte von unterschiedlichen Zahlungsströmen deren Vergleichbarkeit:

Äquivalenz-
prinzip der
Finanz-
mathematik

Zwei Zahlungsfolgen $(z_t)_{t=0,1,2,\ldots,n}$ und $(z_t')_{t=0,1,2,\ldots,m}$ heißen äquivalent bzgl. des Kalkulationszinssatzes i, wenn ihre Barwerte gleich sind, d.h.

$$\sum_{t=0}^{n} z_t(1+i)^{-t} = \sum_{t=0}^{m} z_t'(1+i)^{-t}.$$

Wegen $W_\tau = BW \cdot (1+i)^\tau$ kann man die Äquivalenz zweier Zahlungsfolgen bei exponentieller Verzinsung auch auf einen beliebigen Betrachtungszeitpunkt $\tau \in [0,n]$ beziehen.

Beispiel 3.2
In Fortsetzung des Bonusbeispiels soll nun berechnet werden, wie sich die Zahlung z_2' der zweiten Alternative ändern müsste, damit diese zur ersten Alternative äquivalent ist. Gemäß Äquivalenzprinzip muss folgende Gleichung gelten:

$$1.000\ €\,(1+0,07)^{-1} = z_2'(1+0,07)^{-2}.$$

Daraus folgt $z_2' = 1.000\,€ \cdot \frac{1,07^2}{1,07} = 1.070\,€$. Würde also nach zwei Jahren ein Bonus von $1.070\,€$ ausbezahlt, dann wären beide Alternativen gleichwertig.   □

Die abschließende Übung ermöglicht Ihnen zu testen, ob Sie Barwertkonzept und Äquivalenzprinzip verstanden haben.

Übung 3.2

Gegeben sei der Zahlungsstrom $z_0 = 100 \, €, z_1 = 110 \, €, z_2 = 363 \, €, z_3 = 665,50 \, €$, sowie ein Kalkulationszins von 10%.

a) Berechnen Sie zunächst einzeln die Barwerte sämtlicher Zahlungen und daraus dann den Barwert des Zahlungsstroms.
b) Ermitteln Sie möglichst einfach den Endwert des Zahlungsstroms.
c) Berechnen Sie jetzt die Endwerte sämtlicher Zahlungen einzeln und daraus dann den Endwert des Zahlungsstroms.
d) Ist der Zahlungsstrom $z_0' = 0 \, €, z_1' = 0 \, €, z_2' = 1.210 \, €$ äquivalent zum vorgegebenen Strom? Geben Sie zwei Berechnungsalternativen an!

Lösung 3.2

a) Die Barwerte erhält man durch entsprechendes Abzinsen der jeweiligen Zahlungen (z_0 muss nicht abgezinst werden!):

$$\frac{110 \, €}{1,1^1} = 100 \, €, \quad \frac{363 \, €}{1,1^2} = 300 \, €, \quad \frac{665,50 \, €}{1,1^3} = 500 \, €.$$

Der Barwert BW des Zahlungsstroms ergibt sich nun durch Summation der einzelnen Barwerte zu:

$$BW = 100 \, € + 100 \, € + 300 \, € + 500 \, € = 1.000 \, €.$$

b) Der Endwert lautet mit $n = 3$:

$$EW = BW \cdot (1+i)^n = 1.000 \, € \cdot 1,1^3 = 1.331 \, €.$$

c) Die Endwerte erhält man durch entsprechendes Aufzinsen der jeweiligen Zahlungen (z_3 muss nicht aufgezinst werden!):

$$100 \, € \cdot 1,1^3 = 133,10 \, €, \quad 110 \, € \cdot 1,1^2 = 133,10 \, €$$

und $363 \, € \cdot 1,1^1 = 399,30 \, €$. Der Endwert EW des Zahlungsstroms ergibt sich nun durch Summation der einzelnen Endwerte zu:

$$EW = 133,10 \, € + 133,10 \, € + 399,30 \, € + 665,50 \, € = 1.331 \, €.$$

d) Der Zahlungsstrom (z_t') hat zum Zeitpunkt $\tau = 2$ offensichtlich den Wert $W_2' = 1.210 \, €$. Für den Strom (z_t) ergibt sich zu diesem Zeitpunkt ein Wert von

$$W_2 = BW \cdot (1+i)^2 = 1.000 \, € \cdot 1,1^2 = 1.210 \, €.$$

Da die Werte W_2 und W_2' identisch sind, hat man Äquivalenz. Alternativ hätte man auch den Barwert

$$BW' = \frac{1.210\ \text{€}}{1,1^2} = 1.000\ \text{€}$$

der zweiten Zahlungsfolge berechnen können und aus der Gleichheit der Barwerte ebenfalls Äquivalenz erhalten.

Die nachfolgende Abbildung 3.1 macht nochmals die Zusammenhänge (ohne €-Symbole) deutlich:

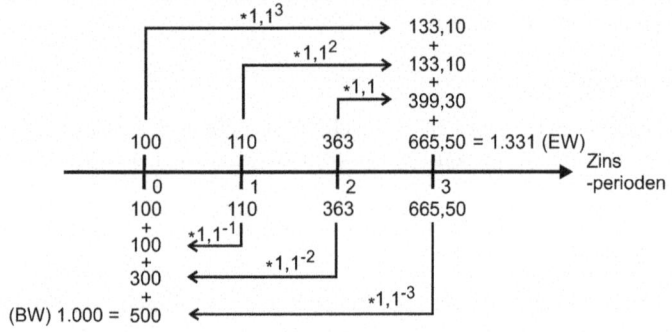

Abb. 3.1. Ermittlung von Bar- und Endwert

3.2 Effektivverzinsung bei Anleihen, Rendite

Kunden, die ein Wertpapier kaufen bzw. einen Kredit aufnehmen möchten, haben meistens die Möglichkeit, zwischen mehreren Angeboten von Börsen bzw. konkurrierenden Banken zu wählen. Es ist daher wichtig, die verschiedenen Offerten vergleichen zu können. Eine einfache Vergleichsmöglichkeit stellt das Konzept des effektiven Zinssatzes dar. Banken und Börsen veröffentlichen für die im Handel befindlichen Wertpapiere regelmäßig diese wichtige Kennzahl. Man spricht in diesem Kontext meistens von Rendite.

effektiver
Jahreszins,
Rendite

Unter dem effektiven Jahreszins bzw. der Rendite einer Kapitalanlage versteht man diejenige durchschnittliche Periodenverzinsung, die sich unter Berücksichtigung von vereinbartem Zinssatz, Kaufpreis und Restlaufzeit sowie Tilgungsmodalitäten ergibt.

Der Kauf eines Wertpapiers besteht im Prinzip aus zwei Zahlungsströmen (z_t') und (z_t). Der Käufer muss zum Zeitpunkt
$t = 0$ den Börsenpreis BP bezahlen: $z_0' = BP$. Nehmen wir
an, dass das Wertpapier eine Laufzeit von n Jahren hat und
mit einem festen Nominalzins ausgestattet ist, dann erhält er
n gleich hohe Zinszahlungen, die so genannten Kuponzahlungen K. Bei Fälligkeit $(t = n)$ wird meist der Nennwert, der so
genannte Tilgungsbetrag T, zurückerstattet. Das Wertpapier
generiert also (unter Vernachlässigung von Gebühren, Steuern
und Stückzinsen) folgenden Zahlungsstrom (z_t):

Börsen-
preis BP

Kupon-
zahlung K

Tilgungs-
betrag T

$$z_0 = 0; \ z_t = K \ \text{für} \ t = 1, \ldots, n-1; \ z_n = K + T.$$

Der Effektivzins bzw. die Rendite ist nun definiert als derjenige Zinssatz i, der gemäß dem Barwertkonzept zur Äquivalenz
der beiden Zahlungsströme (z_t') und (z_t) führt. Es wird also
gefordert, dass der Barwert des vom Wertpapier generierten
Zahlungsstromes (z_t) dem zu zahlenden Börsenpreis BP entspricht:

$$
\begin{aligned}
BP &= \sum_{t=0}^{n} z_t (1+i)^{-t} \\
&= z_0 + z_1(1+i)^{-1} + z_2(1+i)^{-2} + \ldots + z_n(1+i)^{-n} \\
&= K(1+i)^{-1} + K(1+i)^{-2} + \ldots + (K+T)(1+i)^{-n}.
\end{aligned}
$$

Man erhält somit

$$BP = K \sum_{t=1}^{n} (1+i)^{-t} + T(1+i)^{-n}.$$

Multiplikation dieser Gleichung mit $(1+i)^n$ und Umordnung
liefert

$$BP(1+i)^n - K(1+i)^n \sum_{t=1}^{n} (1+i)^{-t} - T = 0.$$

Beachtet man, dass (geometrische Reihe!)

$$\sum_{t=1}^{n} (1+i)^{-t} = \frac{(1+i)^n - 1}{i(1+i)^n}$$

gilt, so ergibt sich

$$BP(1+i)^n - K\frac{(1+i)^n - 1}{i} - T = 0$$

und nach Multiplikation beider Seiten mit i (Achtung: die Lösung $i = 0$ kommt fälschlicherweise hinzu!)

$$BPi(1 + i)^n - K\left[(1 + i)^n - 1\right] - Ti = 0.$$

Um die Rendite i zu ermitteln, muss diese Polynomgleichung $(n + 1)$-ten Grades gelöst werden. Bekanntlich können die Lösungen solcher Gleichungen i.Allg. nicht analytisch berechnet werden. Daher ist man auf gängige Näherungsverfahren (z.B. Newtonverfahren, siehe Anhang. S. 182) angewiesen. Wir halten fest:

Wertpapier-
rendite

> Ist BP der Börsenpreis einer Anleihe mit einer (Rest-) Laufzeit von n Jahren, jährlicher Kuponzahlung K und Tilgung T, so ergibt sich deren Rendite i aus der Lösung der Polynomgleichung
>
> $$BPi(1 + i)^n - K\left[(1 + i)^n - 1\right] - Ti = 0.$$

Die Effektivverzinsung stellt ein Kriterium zur Beurteilung von festverzinslichen Wertpapieren dar: Eine hohe Effektivverzinsung kann als Indikator für einen „günstigen" Börsenpreis angesehen werden. Wichtig zu wissen ist jedoch, dass das Kriterium eine (nicht immer realistische) Wiederanlageprämisse impliziert: Die zwischenzeitlich zugeflossenen Zinsen müssen bis Laufzeitende zum Effektivzinssatz angelegt werden können. Dennoch ist die Rendite ein in der Praxis häufig benutztes Entscheidungskriterium.

Wiederanlage-
prämisse

Beispiel 3.3
Wir betrachten zwei Anleihen mit jeweils 5 Jahren Restlaufzeit ($n = 5$), Nennwert und Tilgung von $100 \,€$ (d.h. $T = 100$) mit folgenden weiteren Konditionen:

a) Anleihe A: Nominalzins 8%, $BP = 96 \,€$,
b) Anleihe B: Nominalzins 10%, $BP = 104 \,€$.

Bei der Anlage A beträgt die jährliche Kuponzahlung K daher $100 \,€{\cdot}0,08 =8 \,€$, bei Anlage B entsprechend $100 \,€{\cdot}0,1 =10 \,€$. Um die Effektivverzinsungen i_A und i_B dieser Wertpapiere zu ermitteln, müssen die Polynomgleichungen (Kuponzahlungen K, Börsenpreis BP und Tilgung T beziehen sich jeweils auf nominal $100 \,€$)

a) $96 \, i_A (1 + i_A)^5 - 8[(1 + i_A)^5 - 1] - 100 \, i_A = 0,$
b) $104 \, i_B (1 + i_B)^5 - 10[(1 + i_B)^5 - 1] - 100 \, i_B = 0$

gelöst werden. Durch iterative Lösung dieser Gleichungen (z.B. mit dem Newtonverfahren) erhält man:

$$i_A \approx 9,02915\%, \qquad i_B \approx 8,97237\%.$$

Ein Investor wird sich daher für die erste Anleihe entscheiden, da diese eine leicht höhere Effektivverzinsung aufweist. □

Ist kein Iterationsverfahren verfügbar, so kann die Rendite mit Hilfe der kaufmännischen Methode abgeschätzt werden:

> Ist BP der Börsenpreis einer Anleihe mit einer (Rest-) Laufzeit von n Jahren, jährlicher Kuponzahlung K und Tilgung T, so ergibt sich deren kaufmännische Rendite i_K zu
>
> $$i_K = \frac{K + (T - BP)/n}{BP}.$$

Kaufmännische Methode

Man erhält diese Näherungsformel, indem man die Polynomgleichung zunächst mit dem Faktor $\frac{1}{BP((1+i)^n - 1)}$ multipliziert und die beiden letzten Terme auf die rechte Seite bringt:

$$i\frac{(1+i)^n}{(1+i)^n - 1} = \frac{K}{BP} + \frac{T}{BP}\frac{i}{(1+i)^n - 1}.$$

Unter Beachtung von

$$\frac{(1+i)^n}{(1+i)^n - 1} = \frac{(1+i)^n - 1 + 1}{(1+i)^n - 1} = 1 + \frac{1}{(1+i)^n - 1}$$

ergibt sich

$$i = \frac{K}{BP} + \left(\frac{T}{BP} - 1\right)\frac{i}{(1+i)^n - 1}.$$

Für kleine i gilt wegen der Binomischen Formel $(1+i)^n \approx 1 + ni$ und daraus:

$$i \approx \frac{K}{BP} + \left(\frac{T}{BP} - 1\right)\frac{i}{1 + ni - 1} = \frac{K + (T - BP)/n}{BP} =: i_K.$$

Beispiel 3.4

Wir berechnen die kaufmännische Rendite für die beiden Anleihen A und B aus Beispiel 3.3:

a) $i_K^A = \frac{8+(100-96)/5}{96} \approx 9,17\%$,

b) $i_K^B = \frac{10+(100-104)/5}{104} \approx 8,85\%$. $\qquad\qquad$ □

pari
über pari
unter pari

Der Börsenpreis eines Wertpapieres wird als pari bezeichnet, wenn er gleich dem Nennwert des Papieres ist. Wenn der Börsenpreis über oder unter dem Nennwert liegt, spricht man von über pari oder unter pari.

Wegen der Bernoullischen Ungleichung $((1+i)^n > 1 + ni$ für $i > 0, n > 1)$ gilt die Abschätzung

$$\frac{i}{(1+i)^n - 1} < \frac{i}{1+ni-1} = \frac{1}{n}.$$

Deshalb ist $i_K > i$, falls $BP < T$ und umgekehrt $i_K < i$, falls $BP > T$. Wir halten fest:

Obere bzw.
untere Schranke

> Für Anleihen, die zum Nennwert getilgt und unter pari verkauft werden, ist die kaufmännische Rendite eine obere Schranke für den Effektivzins. Für Anleihen, die zum Nennwert getilgt und über pari verkauft werden, ist die kaufmännische Rendite eine untere Schranke für den Effektivzins.

Beispiel 3.5

Für die beiden Anleihen A und B aus Beispiel 3.3 gilt:

a) $i_A \approx 9,02915\% < 9,17\% \approx i_K^A$ (unter pari),

b) $i_B \approx 8,97237\% > 8,85\% \approx i_K^B$ (über pari). $\qquad$ □

Übung 3.3

Gegeben sei eine Anleihe mit 10% Nominalzins, einem Börsenpreis von 105 € und einer Restlaufzeit von 2 Jahren, die zu 100 € getilgt wird.

a) Schätzen Sie die Effektivverzinsung i mit der kaufmännischen Rendite i_K ab. Welche Schranke ergibt sich?

b) Berechnen Sie den Effektivzins i der Anleihe mit Hilfe der Polynomgleichung.

c) Berechnen Sie alternativ die Anleiherendite über das Äquivalenzprinzip.

Lösung 3.3

a) Die kaufmännische Rendite ergibt sich unabhängig vom Nennwert (mit $BP = 105$, $K = 10$, $T = 100$ und $n = 2$) zu

$$i_K = \frac{10 + (100 - 105)/2}{105} = 7,14\%.$$

Da die Anleihe zu über pari verkauft wird, handelt es sich
um eine untere Schranke, d.h. es gilt $i > 7,14\%$.

b) Die Polynomgleichung zur Bestimmung der Rendite i lautet

$$105i(1 + i)^2 - 10\left((1 + i)^2 - 1\right) - 100i = 0.$$

Da $(1 + i)^2 = 1 + 2i + i^2$, kann die Gleichung durch $i \neq 0$
dividiert werden. Man erhält

$$105(1 + 2i + i^2) - 10(2 + i) - 100 = 0.$$

Ausmultiplizieren und Zusammenfassen geeigneter Terme
führt zu
$$105i^2 + 200i - 15 = 0.$$

Die Nullstellen dieses quadratischen Polynoms lassen sich
exakt bestimmen:

$$i_{1,2} = \frac{-200 \pm \sqrt{200^2 + 4 \cdot 105 \cdot 15}}{2 \cdot 105} = \frac{-200 \pm \sqrt{46300}}{210}.$$

Die relevante Nullstelle liegt bei $i \approx 0,0722588$ und liefert
somit eine Rendite von ca. $7,23\%$.

c) Dem Zahlungsstrom der Anleihe $z_0 = 0, z_1 = 10, z_2 = 110$
steht der zu zahlende Börsenpreis gegenüber. Es muss daher
mit $q = 1 + i$ gelten

$$105 = \frac{10}{q} + \frac{110}{q^2}.$$

Multiplikation dieser Gleichung mit q^2 liefert das Polynom

$$105q^2 - 10q - 110 = 0,$$

dessen relevante Nullstelle bei $q \approx 1,0722588$ liegt. Somit
ergibt sich ebenfalls eine Rendite von ca. $7,23\%$.   □

Abschließend sei bemerkt, dass die Polynomgleichung auch für
unterjährige Zinsperioden aufgestellt werden kann. Die Rendite
ergibt sich dann aus der Ermittlung des konformen Jahreszins-
satzes.

unterjährige
Zinsperioden

Beispiel 3.6

Die Anleihe aus Übung 3.3 sei nun mit halbjährlicher Zinszahlung ausgestattet. Wir berechnen die Effektivverzinsung der Anleihe unter der Annahme, dass ihr Börsenpreis ebenfalls bei 105 € liegt. Hierzu muss zunächst die Polynomgleichung ($n = 4$, da vier Zinsperioden vorliegen)

$$105 i_2 (1 + i_2)^4 - \frac{10}{2} \left((1 + i_2)^4 - 1 \right) - 100 i_2 = 0$$

gelöst werden. Das Newtonverfahren liefert $i_2 \approx 0,036344$. Die konforme Jahresverzinsung ergibt sich – wie erwartet – nun etwas höher als bei jährlicher Zinszahlung zu $i = (1 + i_2)^2 - 1 \approx 7,4\%$.   □

3.3 Effektiver Jahreszins nach PAngV

*Renditen sind nicht nur zur Beurteilung von Wertpapiergeschäften wichtig. Aus Gründen des Verbraucherschutzes ist die Angabe des Effektivzinses beispielsweise auch bei Krediten oder Hypothekendarlehen wichtig, da dies unterschiedliche Angebote vergleichbar macht. In Deutschland schreibt die seit 1.9.2000 geltende Preisangabenverordnung (PAngV) die Berechnung der Effektivverzinsung mit der sog. ICMA-Methode (**I**nternational **C**apital **M**arket **A**ssociation) zwingend vor.*

ICMA-Methode: unterjährig exponentiell effektiver Jahreszins

Die ICMA-Methode wendet grundsätzlich die exponentielle Verzinsung auf der Grundlage taggenauer Verrechnung aller Leistungen an. Auch im unterjährigen Bereich gilt die nachschüssige exponentielle Verzinsung (und nicht die lineare). Der so ermittelte Vomhundertsatz stellt den Preis des Kredites dar und muss als *effektiver Jahreszins* bezeichnet werden (siehe § 6 Abs. 1 und Abs. 2 PAngV). In der Anlage zu § 6 PAngV wird die zu verwendende Gleichung, die die Gleichheit zwischen Kredit-Auszahlungsbeträgen einerseits und Rückzahlungen (Tilgung, Zinsen und Kosten) andererseits fordert, detailliert beschrieben.

EU-Regel

Der Zeitraum zwischen den Zeitpunkten wird in Jahren oder Jahresbruchteilen basierend auf der „EU 30,42/365"-Zinsusance (siehe Seite 7) ausgedrückt. Abweichend davon werden für ein Schaltjahr allerdings 366 Tage zugrunde gelegt. Ein Standardmonat hat aber immer 365/12 Tage, auch wenn es sich um ein Schaltjahr handelt.

Das nachfolgende Beispiel ist einer früheren Fassung der PAngV (2002) entnommen.

Beispiel 3.7

Die Darlehenssumme beträgt 1.000 € . Diese Summe wird 1,5
Jahre (d.h. $1,5 \times 12 = 18$ Monate; $1,5 \times 52 = 78$ Wochen oder
$1,5 \times 365 = 547,5$ Tage) nach Darlehensauszahlung in einer
einzigen Zahlung in Höhe von 1.200 € zurückgezahlt.

Die Gleichung zur Bestimmung des effektiven Jahreszinses lautet dann:

$$1000 = \frac{1.200}{(1+i)^{1,5}} = \frac{1.200}{(1+i)^{\frac{18}{12}}} = \frac{1.200}{(1+i)^{\frac{78}{52}}} = \frac{1.200}{(1+i)^{\frac{547,5}{365}}}$$

oder

$$(1+i)^{1,5} = 1,2 \Longrightarrow 1+i = 1,2^{1/1,5} \Longrightarrow i \approx 0,129243.$$

Der anzugebende Effektivzins wird auf $12,92\%$ gerundet.   □

3.4 Zusammenfassung: Äquivalenzprinzip

Barwert, Endwert:
Zahlungsfolge, Zahlungsstrom $(z_t)_{t=0,1,2,...,n}$, wobei z_t Zahlung nach t Zinsperioden

Kalkulationszinssatz bzw. kalkulatorischer Zinssatz i

- Barwert BW der Zahlungsfolge durch Abzinsung bzw. Diskontierung aller zukünftigen Zahlungen auf den Betrachtungszeitpunkt $t = 0$:

$$BW = z_0 + z_1(1+i)^{-1} + z_2(1+i)^{-2} + \ldots + z_n(1+i)^{-n}$$

$$= \sum_{t=0}^{n} z_t(1+i)^{-t}.$$

- Endwert EW des Zahlungsstroms durch Aufzinsung aller zukünftigen Zahlungen auf den Betrachtungszeitpunkt $t = n$:

$$EW = z_0(1+i)^n + z_1(1+i)^{n-1} + z_2(1+i)^{n-2} + \ldots + z_n$$

$$= \sum_{t=0}^{n} z_t(1+i)^{n-t} = BW \cdot (1+i)^n.$$

- Wert W_τ einer Zahlungsfolge zu einem beliebigem Zeitpunkt $\tau \in [0, n]$:

$$W_\tau = BW \cdot (1+i)^\tau.$$

Beispiel:
Zwei Zahlungen $z_1 = 100\,€$ (d.h. nach 1 Jahr), $z_2 = 50\,€$ (d.h. nach 2 Jahren), Kalkulationszinssatz $i = 5\%$
Barwert (d.h. Wert zum Zeitpunkt $t = 0$):

$$BW = \frac{100\,€}{1,05} + \frac{50\,€}{1,05^2} = 140,59\,€.$$

Endwert (d.h. Wert zum Zeitpunkt $t = 2$):

$$EW = 100\,€ \cdot 1,05 + 50\,€ = 155,00\,€.$$

Wert zum Zeitpunkt $t = 1$:

$$W_1 = 100\,€ + \frac{50\,€}{1,05} = 147,62\,€.$$

Es gilt: $W_1 = BW \cdot 1,05$; $EW = BW \cdot 1,05^2 = W_1 \cdot 1,05$.

Äquivalenzprinzip:
Zwei Zahlungsfolgen $(z_t)_{t=0,1,2,\ldots,n}$ und $(z_t')_{t=0,1,2,\ldots,m}$ heißen äquivalent bzgl. des Kalkulationszinssatzes i, wenn ihre Barwerte gleich sind, d.h.

$$\sum_{t=0}^{n} z_t(1+i)^{-t} = \sum_{t=0}^{m} z_t'(1+i)^{-t}.$$

Die Äquivalenz zweier Zahlungsfolgen bei exponentieller Verzinsung kann man auch auf einen beliebigen Betrachtungszeitpunkt $\tau \in [0, n]$ beziehen.

Beispiel:
Zwei Zahlungen z_1 (nach 1 Jahr) und z_2 (nach 2 Jahren) sind bei einem Kalkulationszinssatz $i = 3,5\%$ zu einer einzigen Zahlung z_0 (zum Zeitpunkt $t = 0$) äquivalent, wenn gilt :

$$z_0 = \frac{z_1}{1,035} + \frac{z_2}{1,035^2}.$$

Effektiver Jahreszins, Rendite:
Unter dem effektiven Jahreszins bzw. der Rendite einer Kapitalanlage versteht man diejenige durchschnittliche Periodenverzinsung, die sich unter Berücksichtigung von vereinbartem Zinssatz, Kaufpreis und Restlaufzeit sowie Tilgungsmodalitäten ergibt.

Beispiel: Kauf eines Wertpapiers
Zahlungsstrom (z_t'): Der Käufer muss zum Zeitpunkt $t = 0$ den Börsenpreis BP bezahlen: $z_0' = BP$.
Zahlungsstrom (z_t): Bei einer Laufzeit von n mit einem festen Nominalzins fallen n gleich hohe Zinszahlungen, die so genannten Kuponzahlungen K an. Bei Fälligkeit $(t = n)$ wird meist der Nennwert, der so genannte Tilgungsbetrag T, zurückerstattet. Also: $z_1 = z_2 = \ldots = z_{n-1} = K$, $z_n = K + T$.
Beide Zahlungsströme müssen äquivalent sein.
Die Rendite berechnet sich daher aus der Gleichung:

$$BP = K(1+i)^{-1} + K(1+i)^{-2} + \ldots + (K+T)(1+i)^{-n}.$$

Wertpapierrendite:
Ist BP der Börsenpreis einer Anleihe mit einer (Rest-) Laufzeit von n Jahren, jährlicher Kuponzahlung K und Tilgung T, so ergibt sich deren Rendite i aus der Lösung der Polynomgleichung

$$BPi(1+i)^n - K[(1+i)^n - 1] - Ti = 0.$$

Beispiel:
Eine Anlage ist gekennzeichnet von 5 Jahren Restlaufzeit (d.h. $n = 5$), Nennwert und Tilgung von 100 (d.h. $T = 100$), Börsenpreis von 96 (d.h. $BP = 96$), Nominalzins von 8% (d.h. jährliche Zahlungen von $K = 8$).
Dabei beziehen sich Kuponzahlungen K, Börsenpreis BP und Tilgung T jeweils auf nominal 100 €.
Für die Effektivverzinsung i dieses Wertpapiers gilt

$$96\, i(1+i)^5 - 8[(1+i)^5 - 1] - 100\, i = 0.$$

Man erhält: $i \approx 9,02915\%$.

Kaufmännische Rendite:
Ist BP der Börsenpreis einer Anleihe mit einer (Rest-) Laufzeit von n Jahren, jährlicher Kuponzahlung K und Tilgung T, so ergibt sich deren kaufmännische Rendite i_K zu

$$i_K = \frac{K + (T - BP)/n}{BP}.$$

Beispiel:
Für obige Anlage mit $BP = 96$, $n = 5$, $K = 8$ und $T = 100$ berechnet sich die kaufmännische Rendite zu

$$i_K = \frac{8 + (100 - 96)/5}{96} \approx 9,17\%.$$

pari, über pari, unter pari:
Der Börsenpreis eines Wertpapieres wird als pari bezeichnet, wenn er gleich dem Nennwert des Papieres ist. Wenn der Börsenpreis über oder unter dem Nennwert liegt, spricht man von über pari oder unter pari.

Beispiel:
Obige Anlage mit $BP = 96$ wurde unter pari gekauft.

Obere bzw.untere Schranke:
Für Anleihen, die zum Nennwert getilgt und unter pari verkauft werden, ist die
kaufmännische Rendite eine obere Schranke für den Effektivzins.
Für Anleihen, die zum Nennwert getilgt und über pari verkauft werden, ist die
kaufmännische Rendite eine untere Schranke für den Effektivzins.

Beispiel:
Für obige Anlage mit $BP = 96$, $n = 5$, $K = 8$ und $T = 100$, welche unter pari
gekauft wurde, ist die kaufmännische Rendite $i_K \approx 9,17\%$ eine obere Schranke
für den Effektivzins $i \approx 9,02915\%$: $i < i_K$.

Effektiver Jahreszins nach PAngV:
In Deutschland regelt die Preisangabenverordnung (PAngV) die Berechnung
der Effektivverzinsung mit der sog. ICMA-Methode (**I**nternational **C**apital
Market **A**ssociation).
Die ICMA-Methode wendet grundsätzlich die exponentielle Verzinsung auf der
Grundlage taggenauer Verrechnung aller Leistungen an. Auch im unterjährigen
Bereich gilt die nachschüssige exponentielle Verzinsung (und nicht die lineare).
Der Zeitraum zwischen den Zeitpunkten wird in Jahren oder Jahresbruchteilen
basierend auf der „EU 30,42/365 "-Zinsusance ausgedrückt.

Beispiel:
Ein Darlehen über $1.000\,€$ wird nach 1,5 Jahren (d.h. $1,5 \times 12 = 18$ Monate,
$1,5 \times 52 = 78$ Wochen, $1,5 \times 365 = 547,5$ Tage) in einer einzigen Zahlung von
$1.200\,€$ zurückgezahlt.
Die Gleichung zur Bestimmung des effektiven Jahreszinses lautet dann:

$$1.000 = \frac{1.200}{(1+i)^{1,5}} = \frac{1.200}{(1+i)^{\frac{18}{12}}} = \frac{1.200}{(1+i)^{\frac{78}{52}}} = \frac{1.200}{(1+i)^{\frac{547,5}{365}}}.$$

Daraus: $i \approx 12,92\%$.

3.5 Summary: Equivalence principle

<u>Definitions:</u>

Äquivalenzprinzip	equivalence principle
Zahlenfolge	sequence of payments, cash flow
Kalkulationszinssatz	market rate of interest
Barwert	present value
Endwert	future value
Wertpapier	bond, security
Börsenpreis	stock market price
Laufzeit	time to maturity
Kupon	coupon, dividend
Anzahl der Kuponzahlungen	frequency
Nominalzins	nominal interest rate
Nominalwert	nominal value, face value
Tilgung	redemption value, par value, maturity value
Rendite	yield to maturity

present value, future value:

sequence of payments, cash flow $(z_t)_{t=0,1,2,...,n}$, where z_t denotes payment after t points of time

market rate of interest i

- present value PV by discounting all payments to $t = 0$:

$$PV = z_0 + z_1(1+i)^{-1} + z_2(1+i)^{-2} + \ldots + z_n(1+i)^{-n}$$

$$= \sum_{t=0}^{n} z_t(1+i)^{-t}.$$

- future value FV by compounding all payments to $t = n$:

$$FV = z_0(1+i)^n + z_1(1+i)^{n-1} + z_2(1+i)^{n-2} + \ldots + z_n$$

$$= \sum_{t=0}^{n} z_t(1+i)^{n-t} = PV \cdot (1+i)^n.$$

- value W_τ at time $\tau \in [0, n]$:

$$W_\tau = PV \cdot (1+i)^\tau.$$

Equivalence principle:
Two sequences of payments $(z_t)_{t=0,1,2,\ldots,n}$ and $(z_t')_{t=0,1,2,\ldots,m}$ are called equivalent with regard to a certain market rate of interest i, if the present values of both sequences are equal

$$\sum_{t=0}^{n} z_t(1+i)^{-t} = \sum_{t=0}^{m} z_t'(1+i)^{-t}.$$

For compound interest, the equivalence of two sequences of payments can be evaluated at any point of time $\tau \in [0, n]$.

Bonds:
A bond represents a claim on a predetermined sequence of payments that become due at prespecified points of time.
A default-free bond (a standard bond) makes the same coupon payment K at the end of each period and pays its face value $T = 100$ at time to maturity $t = n$. The coupon (or interest) K ist calculated by nominal value 100 times nominal interest rate. The bond is purchased at a stock market price BP.
The yield to maturity i of a bond can be calculated via the equation:

$$BP = K(1+i)^{-1} + K(1+i)^{-2} + \ldots + (K+T)(1+i)^{-n}.$$

Generally, this equation cannot be solved analytically. An iteration method has to be applied.

3.6 Übungsaufgaben

Barwertkonzept

1.) Sie haben bei einer Lotterie für 50 € ein Los gekauft. Das Los ist angeblich ein "Glückstreffer". Sie können zwischen drei Alternativen wählen:

- A1: Sie erhalten Ihren Einsatz sofort zurück.
- A2: Sie erhalten in einem Jahr 40 €, in zwei Jahren 15, 12 €.
- A3: Sie erhalten nach einem Jahr 30 € sowie nach zwei Jahren und nach drei Jahren jeweils 15 €.

Für welche Alternative entscheiden Sie sich, wenn derzeit ein Marktzins von 8% herrscht?

2.) Ein Zahlungsstrom besteht aus zwei Zahlungen: 100 € fällig in 3 Jahren und 250 € fällig in 5 Jahren. Zugrunde liege ein Kalkulationszinssatz von 7% p.a.

a) Berechnen Sie den Barwert dieses Zahlungsstromes.

b) Der Zahlungsstrom soll durch zwei gleich große Zahlungen in 2 und 4 Jahren ersetzt werden (Äquivalenzprinzip!). Wie hoch müssen diese Zahlungen sein?

Effektivverzinsung bei Anleihen, Rendite

1.) Auf dem Kapitalmarkt liege das Zinsniveau bei 8,5%. Gegeben sei eine Anleihe mit 8% Zins und 4 Jahre Restlaufzeit, die zum Kurs von 101 getilgt wird.

    a) Ermitteln Sie den (gerechten) Börsenpreis dieser Anleihe, indem Sie den Barwert der Anleihe nach dem Äquivalenzprinzip ausrechnen.

    b) Ein Investor kauft für 10.000 € diese Anleihe. Wie hoch ist der Nennwert seiner Anleihe? Wie hoch sind seine jährlichen Kuponzahlungen? Welchen Betrag erhält er als Tilgung am Ende des vierten Jahres zurück? Über welches Endvermögen kann er verfügen?

2.) Gegeben sei eine Anleihe mit 5% Nominalzins, einem Börsenpreis von 95 und einer Restlaufzeit von 3 Jahren, die zum Kurs von $T = 100$ getilgt wird.

    a) Stellen Sie die Gleichung für den Effektivzins der Anleihe auf.

    b) Schätzen Sie den Effektivzins der Anleihe durch die kaufmännische Rendite ab.

3.) Gegeben sei wiederum eine Anleihe mit 5% Nominalzins, einem Börsenpreis von 95 und einer Restlaufzeit von 3 Jahren, die zum Kurs von $T = 100$ getilgt wird. Die Zinszahlung der Anleihe soll nun vierteljährig erfolgen (d.h. viermal pro Jahr ein Viertel des Zinses).

    a) Stellen Sie die Gleichung für die Verzinsung der Anleihe auf.

    b) Wenn sich die Verzinsung zu 0,01714548608 berechnet, wie lautet dann die zugehörige konforme Jahresverzinsung?

4.) Ein Bundesschatzbrief vom Typ A aus dem Jahr 2005 ergab nach dem ersten Jahr eine Zinszahlung von 2%, nach dem zweiten Jahr 2,5% Zinsen, nach dem dritten Jahr 2,75% Zinsen, nach dem vierten Jahr 3,25% Zinsen, nach dem fünften Jahr 3,75% Zinsen und nach dem sechsten Jahr 4,25% Zinsen. Am Ende des sechsten Jahres erhält der Anleger das angelegte Kapital zurück. Wie lautet die Gleichung für die Rendite dieses Bundesschatzbriefes?

Effektiver Jahreszins nach PAngV

1.) Bei einer Darlehenssumme von 1.000 €, die nach 1,5 Jahren in einer einzigen Zahlung in Höhe von 1.200 € zurückgezahlt wird, wurde in Beispiel 3.7 auf S. 51 ein Effektivzins von (gerundet) 12,92% ausgerechnet.
Nun behält der Darlehensgeber jedoch 50 € für Kreditwürdigkeitsprüfung, Bearbeitungskosten etc. ein, so dass sich der Auszahlungsbetrag des Darlehens nur noch auf 950 € beläuft (ein so genanntes Disagio). Welcher Effektivzins ergibt sich jetzt?

2.) Die Darlehenssumme beträgt 2.000 €. Der Darlehensnehmer hat folgende Raten zurückzuzahlen:

- nach 3 Monaten: 400 €,
- nach 6 Monaten: 400 €,
- nach 12 Monaten: 1.400 €.

Stellen Sie die Gleichung zur Bestimmung des Effektivzinses auf.

3.7 Lösungen

Barwertkonzept

1.) Der Barwert der drei Alternativen berechnet sich wie folgt:

$$
\begin{aligned}
BW_1 &= 50\ \text{\euro} & &= 50\ \text{\euro}, \\
BW_2 &= \frac{40\ \text{\euro}}{1,08} + \frac{15,12\ \text{\euro}}{1,08^2} & &= 50\ \text{\euro}, \\
BW_3 &= \frac{30\ \text{\euro}}{1,08} + \frac{15\ \text{\euro}}{1,08^2} + \frac{15\ \text{\euro}}{1,08^3} &&= 52,55\ \text{\euro}.
\end{aligned}
$$

Die beiden ersten Alternativen sind äquivalent, die dritte Alternative ist günstiger.

2.) a) Der Barwert des Zahlungsstromes berechnet sich zu

$$
BW = \frac{100\ \text{\euro}}{1,07^3} + \frac{250\ \text{\euro}}{1,07^5} = 259,88\ \text{\euro}.
$$

b) Will man den Zahlungsstrom durch zwei gleich große Zahlungen x in 2 und 4 Jahren ersetzen, so lautet die Gleichung aufgrund des Äquivalenzprinzips:

$$
\frac{100\ \text{\euro}}{1,07^3} + \frac{250\ \text{\euro}}{1,07^5} = \frac{x}{1,07^2} + \frac{x}{1,07^4}.
$$

Durch Multiplikation mit $1,07^5$ und Auflösen nach x erhält man:

$$
100\ \text{\euro} \cdot 1,07^2 + 250\ \text{\euro} = x \cdot 1,07^3 + x \cdot 1,07 = (1,07^3 + 1,07) \cdot x
$$

bzw.

$$
x = \frac{100\ \text{\euro} \cdot 1,07^2 + 250\ \text{\euro}}{1,07^3 + 1,07} = 158,82\ \text{\euro}.
$$

Effektivverzinsung bei Anleihen, Rendite

1.) Die Anlage generiert für $n = 4$ Jahre jährliche Kuponzahlungen von $K = 8$ (wegen 8% Nominalverzinsung), die Tilgung beträgt $T = 101$ (jeweils auf nominal 100 € bezogen).

a) Bei einem Kalkulationszins von 8,5% berechnet sich der Barwert des Zahlungsstromes zu

$$BW = \frac{8}{1,085} + \frac{8}{1,085^2} + \frac{8}{1,085^3} + \frac{8}{1,085^4} + \frac{101}{1,085^4} = 99,08377596.$$

Man kann hier auch die Formel für geometrische Reihen anwenden, was sich insbesondere für Wertpapiere mit langen Laufzeiten anbietet.

Ein Börsenpreis von $99,08$ € wäre nach dem Äquivalenzprinzip angemessen.

b) Da der Investor zu einem Kurs von 99,08377596 kauft, entsprechen seine 10.000 € einem Nennwert von

$$10.000 \text{ €} \cdot \frac{100}{99,08377596} = 10.092,47 \text{ €}.$$

Der Investor erhält daher an jährlichen Kuponzahlungen

$$10.092,47 \text{ €} \cdot 0,08 = 807,40 \text{ €}.$$

An Ende des vierten Jahres erhält der Investor als Tilgung

$$10.092,47 \text{ €} \cdot 1,01 = 10.193,39 \text{ €}.$$

Der Endwert der Anleihe berechnet sich am einfachsten durch Aufzinsen des Investitionsvolumens:

$$10.000 \text{ €} \cdot 1,085^4 = 13.858,59 \text{ €}.$$

Analog könnte man auch alle Kuponzahlungen sowie die Tilgung aufzinsen:

$$807,40 \text{ €} \cdot (1,085^3 + 1,085^2 + 1,085 + 1) + 10.193,39 \text{ €} = 13.858,59 \text{ €}.$$

2.) a) Mit $BP = 95$, $T = 100$, $K = 5$ (wegen 5% Nominalzins) und $n = 3$ ist für den Effektivzins die folgende Gleichung zu lösen:

$$95 \cdot i \cdot (1+i)^3 - 5\left[(1+i)^3 - 1\right] - 100 \cdot i = 0.$$

Ein numerisches Verfahren liefert die Lösung: $i \approx 0,06901842452$. Der Effektivzins beträgt also 6,90%.

b) Die Gleichung für die kaufmännische Rendite liefert:

$$i_K = \frac{5 + (100 - 95)/3}{95} \approx 0,70175438.$$

Die kaufmännische Rendite ist (da unter pari gekauft wurde) eine obere Schranke für den Effektivzins.

3.) a) Mit $BP = 95$, $T = 100$, $K/4 = 5/4$ (wegen 5% Nominalzins) und $n = 3 \cdot 4 = 12$ ist für die Verzinsung die folgende Gleichung zu lösen:

$$95 \cdot i \cdot (1+i)^{12} - 5/4 \left[(1+i)^{12} - 1 \right] - 100 \cdot i = 0.$$

Ein numerisches Verfahren liefert die Lösung: $i \approx 0,01714548608$.

b) Die konforme Jahresverzinsung liegt dann bei

$$i_{konf} = (1+i)^4 - 1 \approx 0.070365997.$$

4.) Bei einem angelegten Kapital von K_0 lautet nach dem Äquivalenzprinzip die Gleichung für die Rendite:

$$
\begin{aligned}
K_0 \cdot (1+i)^6 = {} & K_0 \cdot 0,02 \cdot (1+i)^5 + K_0 \cdot 0,025 \cdot (1+i)^4 \\
& + K_0 \cdot 0,0275 \cdot (1+i)^3 + K_0 \cdot 0,0325 \cdot (1+i)^2 \\
& + K_0 \cdot 0,0375 \cdot (1+i) + K_0 \cdot 0,0425 + K_0.
\end{aligned}
$$

Dabei wurden alle Zahlungen auf $t = 6$ aufgezinst. Die Renditegleichung ist unabhängig vom angelegten Kapital (denn sie kann durch K_0 gekürzt werden). Ein numerisches Verfahren liefert eine Rendite von 3,0446644%.

Effektiver Jahreszins nach PAngV

1.) Die Gleichung für die Effektivzinsberechnung lautet:

$$950 = \frac{1.200}{(1+i)^{1,5}},$$

damit ergibt sich der Effektivzins (gerundet) zu 16,85%. Durch das Disagio hat sich der Effektivzins für den Kreditnehmer von 12,92% auf 16,85% verschlechtert.

2.) Die Gleichung zur Bestimmung des Effektivzinses lautet

$$2.000 \, \text{€} = \frac{400 \, \text{€}}{(1+i)^{\frac{3}{12}}} + \frac{400 \, \text{€}}{(1+i)^{\frac{6}{12}}} + \frac{1.400 \, \text{€}}{(1+i)^{\frac{12}{12}}}.$$

Damit ergibt sich ein Effektivzins von (gerundet) 13,24%.

3.8 Klausur

Aufgabe 1: (4 Punkte)

Ein Zahlungsstrom besteht aus vier Zahlungen $z_1 = 100\,€$, $z_3 = 300\,€$, $z_4 = z_5 = 50\,€$. Sie legen einen Zinssatz von i=10% zugrunde.

a) Berechnen Sie den Barwert des Zahlungsstroms!

b) Der Zahlungsstrom soll durch einen äquivalenten Zahlungsstrom ersetzt werden, der aus einer einzigen Zahlung zur Zeit $t = 3$ besteht. Wie hoch muss diese Zahlung sein?

Aufgabe 2: (5 Punkte)

Gegeben sei eine Anleihe mit einem Nominalzins von 4,5%, einem Börsenpreis von $102,50\,€$ und einer Restlaufzeit von 4 Jahren, die zum Kurs von $T = 100$ getilgt wird.

a) Stellen Sie die Gleichung für den Effektivzins der Anleihe auf.

b) Schätzen Sie den Effektivzins der Anleihe durch die kaufmännische Rendite ab. Ist dies eine obere oder eine untere Schranke für den Effektivzins?

Aufgabe 3: (3 Punkte)

Ein Darlehen von 3.000 € wird nach einem Jahr und drei Monaten durch eine Summe von 3.100 € zurückgezahlt.
Berechnen Sie den Effektivzins.

3.9 Lösungen zur Klausur

Aufgabe 1: (4 Punkte)

a) Der Barwert des Zahlungsstromes berechnet sich zu

$$BW = \frac{100\,€}{1,1} + \frac{300\,€}{1,1^3} + \frac{50\,€}{1,1^4} + \frac{50\,€}{1,1^5} = 381,50\,€.$$

b) Die äquivalente Zahlung zum Zeitpunkt $t = 3$ hat die Höhe

$$381,50\,€ \cdot 1,1^3 = 507,78\,€.$$

Aufgabe 2: (5 Punkte)

a) Mit $BP = 102,5$; $T = 100$; $K = 4,5$ (wegen 4,5% Nominalzins) und $n = 4$ ist für den Effektivzins die folgende Gleichung zu lösen:

$$102,5 \cdot i \cdot (1+i)^4 - 4,5 \cdot \left[(1+i)^4 - 1\right] - 100 \cdot i = 0.$$

b) Die Gleichung für die kaufmännische Rendite liefert:

$$i_K = \frac{4,5 + (100 - 102,5)/4}{102,5} \approx 0,03780488.$$

Die kaufmännische Rendite von 3,78% ist (da über pari gekauft wurde) eine untere Schranke für den Effektivzins.

Aufgabe 3: (3 Punkte)

Die Gleichung für die Effektivzinsberechnung lautet:

$$3.000 \, \text{€} \cdot (1+i)^{15/12} = 3.100 \, \text{€},$$

damit ergibt sich der Effektivzins zu

$$i = \left(\frac{3.100}{3.000}\right)^{12/15} - 1 \approx 0,0265789,$$

also gerundet zu 2,66%.

Kapitel 4
Rentenrechnung

In diesem Abschnitt beschäftigen wir uns nicht mit dem umgangssprachlichen Begriff einer Rente, wie z.B. private Rentenversicherung oder gesetzliche Altersrente. Die Untersuchung solcher „Rentenarten" würde stochastische Hilfsmittel erfordern. Die Rentenrechnung im Sinne der klassischen Finanzmathematik hingegen geht von sicheren Zahlungsströmen aus, die in periodischen Intervallen erfolgen.

Im Prinzip ist die Rentenrechnung ein Spezialfall der Zinseszinsrechnung und baut auf diese auf. Wir werden daher zunächst einige neue Begriffe definieren.

> Eine n-malige Rente ist eine Folge von n konstanten Zahlungen r (so genannte Rentenraten), die in gleichen Zeitabständen (Rentenperioden bzw. Ratenperioden) aufeinander folgen. Als Laufzeit bezeichnet man die Anzahl der Ratenperioden.
>
> Werden die Zahlungen zu Beginn einer Periode geleistet, so heißt die Rente vorschüssig. Werden die Zahlungen am Ende einer Periode geleistet, so nennt man die Rente nachschüssig.

Rente
Rate
Periode
Laufzeit

nach- bzw.
vorschüssige
Rente

In den nächsten Abschnitten wollen wir zusätzlich voraussetzen, dass gilt:

> Die Renten- und Zinsperioden stimmen überein.

vorläufige
Prämisse

Unter dieser Prämisse, die wir später fallen lassen werden, lassen sich die grundlegenden Formeln der Rentenrechnung ein-

fach entwickeln. Die nachfolgende Abbildung 4.1 verdeutlicht
am Fall einer nachschüssigen Rente die soeben eingeführten Begriffe.

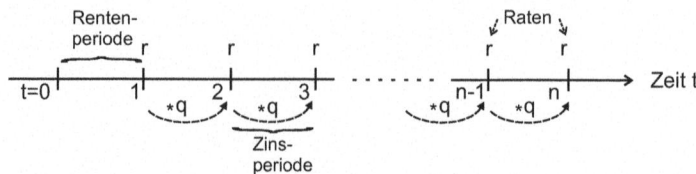

Abb. 4.1. Nachschüssige Rente

n Raten,
aber $n-1$
Zinsperioden

Abbildung 4.1 verdeutlicht einen weiteren wichtigen Sachverhalt: Bei n Rentenraten liegen zwischen der ersten und der
letzten Rate stets $n-1$ Zinsperioden.

Zahlungs-
ströme bei

Um nun das Barwertkonzept anzuwenden, kann die Rente als
ein konstanter Zahlungsstrom betrachtet werden. Wir erhalten
für eine nachschüssige Rente die Folge

– nach-
schüssiger
Rente

$$z_0 = 0, \quad z_t = r \quad \text{für} \quad t = 1, \ldots, n$$

bzw. für eine vorschüssige Rente den Strom

– vor-
schüssiger
Rente

$$z_t = r \quad \text{für} \quad t = 0, \ldots, n-1, \quad z_n = 0.$$

Bar- und Endwert dieser Zahlungsströme lassen sich nun leicht
berechnen. Dies führt zu nachfolgender Definition:

Renten-
barwert,
Renten-
endwert

Der Rentenbarwert R_0 stellt den Gegenwartswert der
Rente zum heutigen Zeitpunkt ($t = 0$) dar. Der Rentenendwert R_n gibt an, zu welchem Endkapital ($t = n$) die
periodischen Rentenraten bei einer Rente führen. Unterstellt wird dabei für die gesamte Laufzeit der Rente ein
konstanter Zinssatz i.

4.1 Nachschüssige Rente

*So wie Gehälter meistens am Monatsende gezahlt und Kreditra-
ten am Monatsende fällig werden, ist auch bei der nachschüssigen Rente die Rentenrate erst am Ende einer Periode fällig.
Man nennt diese Renten auch Postnumerando-Renten, was aus*

dem Lateinischen übersetzt soviel heißt wie „nachträglich zahl-bar".

Wie aus nachfolgender Abb. 4.2 ersichtlich, wird bei einer nachschüssigen Rente die erste Rate $n-1$ Jahre aufgezinst, die zweite Rate $n-2$ Jahre, die vorletzte Rate um 1 Jahr und die letzte Rentenrate, die am Ende der Laufzeit erfolgt, gar nicht mehr. Bei vorgegebenem Zinssatz i lautet der Aufzinsungsfaktor $q = 1 + i$.

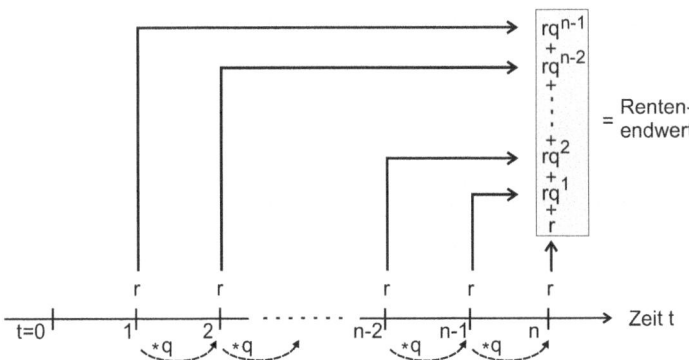

Abb. 4.2. Endwert einer nachschüssigen Rente

Gemäß dem Barwertkonzept ergibt sich der Rentenendwert aus der Summe der einzelnen aufgezinsten Rentenraten zu

$$R_n = \sum_{t=0}^{n} z_t(1+i)^{n-t} = \sum_{t=1}^{n} rq^{n-t} = r \sum_{t=1}^{n} q^{n-t}.$$

Durch Umordnung und Auffassung der Summanden als geometrische Reihe erhalten wir

$$R_n = r \sum_{t=1}^{n} q^{n-t} = r(q^{n-1} + q^{n-2} + \ldots + q^1 + q^0)$$

$$= r(q^0 + q^1 + \ldots + q^{n-2} + q^{n-1}) = r \frac{q^n - 1}{q - 1}.$$

Der Rentenbarwert errechnet sich – wie üblich – durch entsprechendes Diskontieren um n Jahre aus dem Rentenendwert

$$R_0 = \frac{R_n}{q^n} = r \frac{1}{q^n} \frac{q^n - 1}{q - 1}.$$

Wendet man die beiden Formeln auf eine Zahlung von einer Geldeinheit an, d.h. r=1, so verbleiben in diesen lediglich die

Rentenwerte
für eine
Geldeinheit

Größen

$$s_n := \frac{q^n - 1}{q - 1} \quad \text{und} \quad b_n := \frac{1}{q^n} \frac{q^n - 1}{q - 1}.$$

Man nennt s_n *nachschüssigen Rentenendwertfaktor* und b_n *nachschüssigen Rentenbarwertfaktor*. Sie stellen die entsprechenden Multiplikatoren für die Ratenzahlungen dar und wurden früher in vielen finanzmathematischen Büchern nach q und n tabelliert. Mit den heutigen Taschenrechnern ist ihre Berechnung aber problemlos.

Wir fassen die Ergebnisse zusammen:

Für eine nachschüssige Rente mit Raten in Höhe von r und einer Laufzeit von n Jahren gilt bei einem Zinssatz von i bzw. einem Zinsfaktor $q = 1 + i$:

Formeln
bei nach-
schüssiger
Rente

Rentenendwertfaktor: $s_n = \dfrac{q^n - 1}{q - 1}$,

Rentenbarwertfaktor: $b_n = \dfrac{1}{q^n} \dfrac{q^n - 1}{q - 1}$,

Rentenendwert: $R_n = r \cdot s_n = r \dfrac{q^n - 1}{q - 1}$,

Rentenbarwert: $R_0 = r \cdot b_n = r \dfrac{1}{q^n} \dfrac{q^n - 1}{q - 1}$

oder: $R_0 = \dfrac{R_n}{q^n}$.

Beispiel 4.1

Wir berechnen den Barwertfaktor und den Barwert einer insgesamt 10 Jahre lang nachschüssig zu zahlenden Rente von jährlich 10.000 € bei einem Zinssatz von 4%. Hierzu setzen wir

$$r = 10.000\ \text{€}, \ n = 10 \quad \text{und} \quad q = 1 + i = 1,04.$$

Dann ergibt sich der Rentenbarwertfaktor b_{10} zu

$$b_{10} = \frac{1}{1,04^{10}} \frac{1,04^{10} - 1}{0,04} \approx 8,110895779$$

sowie ein Rentenbarwert von

$$R_0 = r \cdot b_{10} = 10.000\ \text{€} \cdot 8,110895779 = 81.108,96\ \text{€}.$$

Übung 4.1

a) Berechnen Sie für die Rente aus Beispiel 4.1 den Rentenendwertfaktor s_{10} und daraus den Rentenendwert R_{10}.

b) Wie hätte man mit Hilfe der Ergebnisse von Beispiel 4.1 den
   Rentenendwert schneller berechnen können?

c) Welchen Betrag muss man heute auf ein Bankkonto mit 4%
   Verzinsung einzahlen, um 10 Jahre lang jährlich am Ende
   des Jahres 10.000 € abheben zu können?

Lösung 4.1

a) Der Rentenendwertfaktor berechnet sich zu

$$s_{10} = \frac{1,04^{10} - 1}{0,04} \approx 12,00610712$$

und daraus ergibt sich ein Rentenendwert in Höhe von $R_{10} =$
$r s_{10} = 10.000 \,€ \cdot 12,00610712 = 120.061,07 \,€$.

b) Ist der Rentenbarwert bekannt, so lässt sich der Endwert
   unmittelbar aus diesem berechnen (es gilt ja $R_0 = R_n/q^n$):

$$R_{10} = R_0 \cdot q^{10} = 81.108,96 \,€ \cdot 1,04^{10} = 120.061,07 \,€.$$

c) Da man auf 10 Jahre jeweils am Jahresende eine konstante
   Zahlung von 10.000 € erhält, kann man diesen Vorgang als
   Rente auffassen. Diese ist aber bezüglich der Konditionen
   mit der Rente von Beispiel 4.1 identisch. Man muss also den
   Rentenbarwert in Höhe von $R_0 = 81.108,96 \,€$ einzahlen.   □

Häufig hat man eine ähnliche Fragestellung wie im letzten Auf-
gabenteil von Übung 4.1. Man verfügt über ein zu investieren-
des Kapital R_0 und möchte wissen, wie lange bei vorgegebener   Kapital-
Auszahlung (Rate) und Verzinsung es dauert, bis dieses aufge-   verzehr
zehrt ist. Hierzu muss man die Formel

$$R_0 = r \frac{1}{q^n} \frac{q^n - 1}{q - 1}$$

nach der gesuchten Laufzeit n auflösen. Beachtet man $q = 1 + i$
und $r > R_0 \cdot i$ (sonst kein Kapitalverzehr), so gilt:

$$\frac{R_0}{r} = \frac{q^n - 1}{q^n} \frac{1}{(1 + i) - 1},$$

$$\frac{R_0}{r} i = 1 - \frac{1}{q^n},$$

$$\frac{1}{q^n} = 1 - \frac{R_0}{r} i,$$

$$\ln 1 - \ln q^n = \ln \left(1 - \frac{R_0}{r} i \right)$$

und schließlich

$$n = -\frac{\ln \left(1 - \frac{R_0}{r} i \right)}{\ln(1+i)}.$$

Wir können das Ergebnis auch folgendermaßen ausdrücken:

Laufzeit
einer nach-
schüssigen
Rente

> Die Laufzeit n einer nachschüssigen Rente mit dem Bar-
> wert R_0 ergibt sich bei Raten in Höhe von r und einer
> Verzinsung von i zu
>
> $$n = -\frac{\ln \left(1 - \frac{R_0}{r} i \right)}{\ln(1+i)}.$$

Übung 4.2
Wie lange reicht ein Kapital von 30.000 €, wenn man bei einer Verzinsung von 4% p.a. jeweils am Jahresende 2.000 € ent-
nimmt?

Lösung 4.2
Mit $r = 2.000$ €, $R_0 = 30.000$ € und $q = 1,04$ erhält man

$$n = -\frac{\ln \left(1 - \frac{30.000}{2.000} \cdot 0,04 \right)}{\ln(1,04)} = -\frac{\ln(0,4)}{\ln(1,04)} \approx 23,3624.$$

Das Kapital reicht also für gut 23 Jahre und 4 Monate.   □

Iterations-
verfahren zur
Zinssatz-
bestimmung

Eine Auflösung der Rentenbarwertformel nach der Größe q
(und damit nach dem Zinssatz i) ist im Allg. nicht möglich. Um
aus den vorgegebenen Größen (z.B. Rentenendwert, Laufzeit
und Rentenrate) q zu ermitteln, muss man *Iterationsverfahren*
einsetzen. Ein geeignetes Verfahren ist das Newtonverfahren zur
Bestimmung der Nullstelle einer Funktion $f(q)$ (d.h. Lösung
der Gleichung $f(q) = 0$, s. Anhang S. 182). Dieses bestimmt
ausgehend von einer Näherung der Nullstelle q_k die nächste
Näherung q_{k+1} mittels folgender Formel:

$$q_{k+1} = q_k - \frac{f(q_k)}{f'(q_k)}.$$

Bei unserem Problem müssen wir die Gleichung

$$R_n - r\frac{q^n - 1}{q - 1} = 0 \iff R_n(q - 1) - r(q^n - 1) = 0$$

lösen. Wir können daher $f(q) := R_n(q-1) - r(q^n - 1)$ setzen.
Unter Beachtung von

$$f'(q) = R_n - rnq^{n-1}$$

ergibt sich dann:

> Hat eine nachschüssige Rente mit Ratenzahlungen r nach
> n Jahren einen Endwert von R_n, so kann die Verzin-
> sung des Kapitals mittels nachfolgender Formel angenä-
> hert werden:
>
> $$q_{k+1} = q_k - \frac{R_n(q_k - 1) - r(q_k^n - 1)}{R_n - rnq_k^{n-1}}, \quad k = 0, 1, \dots$$
>
> Der Startwert q_0 sollte sinnvoll vorgegeben werden.

Newton-
verfahren
zur Zins-
bestimmung

Beispiel 4.2
Eine Bank verspricht in einem Werbeprospekt für einem Raten-
sparvertrag mit jährlichen Einzahlungen von 1.000€ nach acht
Jahren eine Auszahlung von 10.000€. Wir wollen ermitteln,
mit welchem Zinssatz die Bank uns das eingezahlte Kapital
verzinst.

Dazu starten wir das Newtonverfahren mit einem geschätzten
Zinssatz von 5%. Dann folgt mit $q_0 = 1,05$

$$q_1 = 1,05 - \frac{10.000 \cdot 0,05 - 1.000 \cdot (1,05^8 - 1)}{10.000 - 1.000 \cdot 8 \cdot 1,05^7} \approx 1,06794.$$

Nun setzen wir in die Formel zur Berechnung der zweiten Nähe-
rung q_2 den Wert $q_1 \approx 1,06794$ ein und erhalten $q_2 \approx 1,06327$.
Weitere Näherungen ergeben sich zu $q_3 \approx 1,06287$ und $q_4 \approx 1,06287$. Die Näherungen unterscheiden sich bis zur fünften
Nachkommastelle nicht mehr. Der gesuchte Zinssatz i ergibt
sich also zu ca. 6,29%.   □

Übung 4.3
Ein Riestervertrag mit einer Laufzeit von 15 Jahren garan-
tiert bei jährlich nachschüssigen Zahlungen von 1.000€ einen
Endwert von 25.000€. Ermitteln Sie mittels Newton-Verfahren
(Startzins: 5%, 5 Iterationsschritte), mit welchem Zinssatz das
Kapital verzinst wird.

Lösung 4.3

Mit $R_n = 25.000\,€$, $r = 1.000\,€$ und $n = 15$ ergibt sich (ohne €-Zeichen)

$$f(q) = 25.000(q - 1) - 1.000(q^{15} - 1)$$
$$= -1.000\left(q^{15} - 25q + 24\right),$$

sowie die Ableitung $f'(q) = -1.000\left(15q^{14} - 25\right)$.
Das Iterationsverfahren lautet daher

$$q_{k+1} = q_k - \frac{q_k^{15} - 25q_k + 24}{15q_k^{14} - 25}, \quad k = 0, 1, \ldots$$

Mit dem Startwert $q_0 = 1,05$ ergeben sich die Werte in unten stehender Tabelle.

k	q_k
1	$1,086406207$
2	$1,073008600$
3	$1,069561050$
4	$1,069332443$
5	$1,069331458$

Man erkennt, dass sich q_4 und q_5 in den ersten 5 Nachkommastellen nicht mehr ändern. Das Kapital verzinst sich also mit 6,93%. □

4.2 Vorschüssige Rente

In der Lebens- und in der privaten Rentenversicherung werden Altersrenten häufig am Anfang eines Monats gezahlt. Man nennt diese Renten vorschüssig oder Pränumerando-Renten, was aus dem Lateinischen übersetzt soviel heißt wie „im Voraus zu zahlen".

Bei einer vorschüssigen Rente mit einer Laufzeit von n Jahren wird die erste Zahlung n Jahre aufgezinst, die zweite Zahlung $n - 1$ Jahre und die letzte Rentenrate, die ein Jahr vor dem Ende der Laufzeit erfolgt, noch um 1 Jahr. Ein Vergleich von Abbildung 4.2 mit Abbildung 4.3 verdeutlicht, dass jede einzelne Rate eine Zinsperiode länger verzinst (d.h. um einen zusätzlichen Faktor q aufgezinst) wird als bei der nachschüssigen Rente.

Man erhält die Formeln zur Berechnung des Rentenend- und Rentenbarwertes daher durch Multiplikation der entsprechenden Formeln für die nachschüssige Rente mit dem Faktor q:

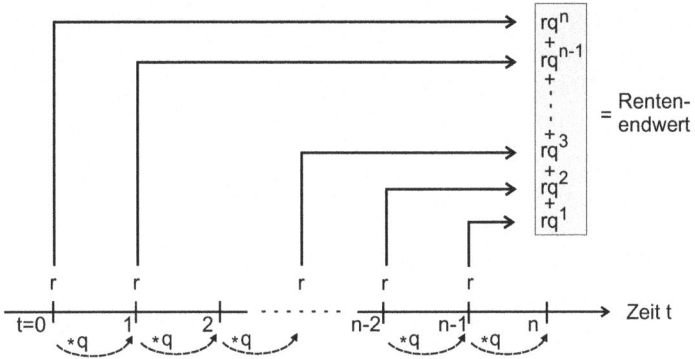

Abb. 4.3. Endwert einer vorschüssigen Rente

Für eine vorschüssige Rente mit Raten in Höhe von r und einer Laufzeit von n Jahren gilt bei einem Zinssatz von i bzw. einem Zinsfaktor $q = 1 + i$:

Rentenendwertfaktor: $\quad s'_n = q\dfrac{q^n - 1}{q - 1},$

Rentenbarwertfaktor: $\quad b'_n = \dfrac{1}{q^{n-1}}\dfrac{q^n - 1}{q - 1},$

Rentenendwert: $\quad R'_n = r \cdot s'_n = rq\dfrac{q^n - 1}{q - 1},$

Rentenbarwert: $\quad R'_0 = r \cdot b'_n = r\dfrac{1}{q^{n-1}}\dfrac{q^n - 1}{q - 1}$

oder: $\quad R'_0 = \dfrac{R'_n}{q^n}.$

Formeln bei vorschüssiger Rente

Auflösung der Rentenbarwertformel – ähnlich wie im nachschüssigen Fall – liefert folgendes Ergebnis:

Die Laufzeit n einer vorschüssigen Rente mit dem Barwert R'_0 ergibt sich bei Raten in Höhe von r und einer Verzinsung von i zu

$$n = -\frac{\ln\left(q - \frac{R'_0}{r}i\right)}{\ln(1 + i)} + 1.$$

Laufzeit einer vorschüssigen Rente

Beispiel 4.3

Sie haben 10 Jahre lang Anspruch auf eine jährlich vorschüssige Rente von 10.000 €. Bei einem angenommenen Zinssatz von 5% ergibt sich dann ein Rentenendwert von

$$R'_{10} = 10.000 \text{ €} \cdot 1,05 \cdot \frac{1,05^{10} - 1}{1,05 - 1} = 132.067,87 \text{ €}.$$

Der Abfindungsbetrag (entspricht dem Barwert) dieser Rente ergibt sich zu

$$R'_0 = \frac{R'_{10}}{q^{10}} = \frac{132.067,87 \text{ €}}{1,05^{10}} = 81.078,22 \text{ €}. \qquad \square$$

Übung 4.4

Eine 15-jährige Postnumerando-Rente von 2.000 € soll in eine 10-jährige Pränumerando-Rente umgewandelt werden. Berechnen Sie bei einem Zinssatz von 6% die neue jährliche Rentenrate r'. Wie lautet die entsprechende Rate, falls die neue 10-jährige Rente auf nachschüssig umgestellt wird?

Lösung 4.4

Mit $r = 2.000 \text{ €}$, $n = 15$ und $q = 1,06$ erhält man für die nachschüssige Rente einen Barwert von

$$R_0 = 2.000 \text{ €} \cdot \frac{1}{1,06^{15}} \cdot \frac{1,06^{15} - 1}{0,06} = 19.424,50 \text{ €}.$$

Nach dem Äquivalenzprinzip muss der Barwert R'_0 der neuen vorschüssigen Rente mit dem Barwert der alten Rente R_0 übereinstimmen. D.h. mit $n = 10$ ist jetzt zu fordern:

$$19.424,50 \text{ €} = R'_0 = r' \cdot \frac{1}{1,06^9} \frac{1,06^{10} - 1}{0,06} = r' \cdot 7,801692274.$$

Somit ergibt sich die Rate der Pränumerando-Rente zu

$$r' = \frac{19.424,50 \text{ €}}{7,801692274} = 2.489,78 \text{ €}.$$

Stellt man nun auf nachschüssige Zahlung der Raten um, so ist diese um eine Zinsperiode aufzuzinsen. Die Rate lautet in diesem Fall $2.489,78 \text{ €} \cdot 1,06 = 2.639,17 \text{ €}$.

Unter Beachtung von $b_{10} = b'_{10}/q = 7,801692274/1,06 = 7,36008705$ (Beziehung zwischen den Rentenbarwertfaktoren) ergibt sich alternativ die neue nachschüssige Rate aus $r = 19.424,50 \text{ €}/7,36008705$ ebenfalls zu $2.639,17 \text{ €}$. $\qquad \square$

4.3 Ewige Rente

*Hat eine Rente keine Laufzeitbegrenzung, so spricht man von ei-
ner ewigen Rente. In der Praxis treten ewige Renten beispielsweise bei Stiftungen auf, die so konzipiert sind, dass nur die
erwirtschafteten Erträge ausbezahlt werden, das Stiftungskapital
aber erhalten bleibt. Aber auch bei Pachtverträgen, die auf sehr
lange Zeit abgeschlossen sind, werden zur Vereinfachung der
Formeln, in die sonst große Periodenanzahlen eingehen wür-
den, ewige Renten unterstellt.*
Wir definieren zunächst die neue Rentenvariante:

Eine Rente, bei der die Anzahl der Rentenraten zeitlich
unbegrenzt ist, heißt ewige Rente.   ewige
                                                                        Rente

Um Rentenbar- und Rentenendwert einer ewigen Rente zu untersuchen, müssen wir die Laufzeit einer n Jahre lang zu zahlenden Rente immer größer werden lassen, d.h. wir müssen Grenz-
werte für $n \to \infty$ betrachten. Wegen $q = 1 + i > 1$ sowie

$$\frac{q^n - 1}{q - 1} = 1 + q^1 + q^2 + \ldots + q^{n-1} \quad \text{und} \quad \lim_{n \to \infty} q^{n-1} = \infty$$

konvergiert der Endwert einer ewigen Rente nicht. Dies ist auf-   kein Renten-
grund der Unbeschränktheit der Zahlungen auch plausibel.   endwert
Um den Barwert einer ewigen nachschüssigen Rente zu berech-
nen, beachten wir $q = 1 + i > 1$ und $\lim_{n \to \infty} q^{-n} = 0$ und
erhalten

$$R_0 = \lim_{n \to \infty} r \frac{1}{q^n} \frac{q^n - 1}{q - 1} = \lim_{n \to \infty} r \frac{1 - q^{-n}}{i} = \frac{r}{i}.$$

Da sich die entsprechende Formel für eine vorschüssige ewige
Rente wieder durch Multiplikation mit dem Faktor q aus der
Formel für die nachschüssige ewige Rente ergibt, gilt:

Der Barwert einer ewigen nachschüssigen Rente ist

$$R_0 = \frac{r}{i}.$$

Der Barwert einer ewigen vorschüssigen Rente ergibt sich   Barwerte
zu   ewiger
$$R_0' = q \cdot \frac{r}{i}.$$ Renten

Den Wert $1/i$ nennt man Kapitalisierungsfaktor. Der Endwert einer ewigen Rente ist nicht definiert.

Man kann dies auch wie folgt interpretieren: Bei einem Stiftungskapital von R_0 und einem Zinssatz von i fallen nach einem Jahr Zinsen in Höhe von $r = R_0 \cdot i$ an. Werden diese Zinsen in Form einer (nachschüssigen) Rente ausbezahlt, so bleibt der Kapitalstock mit R_0 konstant, so dass jedes Jahr diese Zinsen $r = R_0 \cdot i$ als ewige Rente ausbezahlt werden können. Im Falle einer vorschüssigen Rente muss das Stiftungskapital $R_0' = R_0 + r = R_0 \cdot (1 + i) = R_0 \cdot q$ betragen.

Beispiel 4.4
Die Erbpacht für ein Grundstück ist auf $2.000\,€$ jährlich festgelegt. Der Vertrag soll unbeschränkt laufen. Der Wert des Grundstücks bei einer angenommenen Verzinsung von 5% lässt sich im nachschüssigen Fall (Erbpacht am Jahresende fällig) zu

$$R_0 = \frac{2.000\,€}{0,05} = 40.000\,€$$

bzw. im vorschüssigen Fall (Erbpacht am Jahresanfang fällig) zu

$$R_0' = 1,05 \cdot \frac{2.000\,€}{0,05} = 42.000\,€$$

ermitteln.   □

Übung 4.5
Sie erben ein Vermögen von $300.000\,€$. Bei welchem Zinssatz können Sie eine jährliche, nachschüssige Rente in Höhe von $15.000\,€$ erzielen?

Lösung 4.5
Den gesuchten Zins erhält man durch Auflösung der Formel nach i:

$$i = \frac{r}{R_0} = \frac{15.000\,€}{300.000\,€} = 0,05.$$

Das geerbte Vermögen müsste also zu 5% angelegt werden.   □

4.4 Kapitalaufbau und Kapitalverzehr

Bei vielen Anwendungen hat man die Aufgabe, das verbleibende Endkapital bei vorgegebenem Anfangskapital, festem Zinssatz

und einer bestimmten Anzahl von regelmäßigen Ein- oder Aus-
zahlungen zu bestimmen. So wird in der Praxis beispielsweise
häufig eine einmalige Kapitalzahlung mit einer Rente kombi-
niert. Auch beim Autoleasing fallen neben der Anzahlung in
der Regel monatlich konstante Leasingraten an.

Wir betrachten folgende Situation: Zum Zeitpunkt $t = 0$ sei
ein Anfangskapital K_0 vorhanden. Am Ende der ersten Zinsperiode, d.h. zum Zeitpunkt $t = 1$ werden n Jahre lang regelmäßig Raten der Höhe r hinzugezahlt ($r > 0$) bzw. entnommen
($r < 0$). Anfangskapital und nachschüssige Rente werden mit i
verzinst. Der Endwert K_n des gesamten, aus Kapital und Rente
bestehenden, Zahlungsstroms ergibt sich dann durch Addition
des aufgezinsten Anfangskapitals ($K_0 q^n$) und des Rentenendwertes (R_n). Somit gilt:

Bei vorgegebenem Anfangskapital K_0, fester Verzinsung
von i und einer nachschüssigen Rente r mit einer Laufzeit
von n Jahren ergibt sich ein Endkapital von

$$K_n = K_0 q^n + r \frac{q^n - 1}{q - 1}.$$

Sparkassen-
formel

Da die Größe K_n sich als Kontostand eines Bankkontos nach n
Einzahlungen ($r > 0$) bzw. Abhebungen ($r < 0$) interpretieren
lässt, bezeichnet man diese Formel auch als Sparkassenformel
(für $r > 0$ auch als Kapitalaufbauformel).

Kapital-
aufbauformel

Beispiel 4.5

Einem Studenten steht ein Sparkonto mit 20.000 € zur Verfügung, für das ein Zins von 5% vereinbart ist. Um einen
Teil seiner Ausbildungskosten zu bestreiten, hebt er jeweils am
Jahresende 2.500 € ab. Nach 7 Jahren ergibt sich dann mit
$K_0 = 20.000$ €, $r = -2.500$ € und $q = 1,05$ ein Kontostand
von

$$K_7 = 20.000 \text{ €} \cdot 1,05^7 - 2.500 \text{ €} \cdot \frac{1,05^7 - 1}{0,05} = 7.786,99 \text{ €}. \quad \square$$

Übung 4.6

Auf einem Bankkonto, das eine Verzinsung von 3% bietet, liegen
100.000 €. In welcher Höhe können Raten entnommen werden,
wenn das Guthaben nach 10 Jahren aufgezehrt sein soll?

Lösung 4.6

Zur Beantwortung dieser Frage setzten wir zunächst $K_n = 0$ und lösen die Sparkassenformel nach r auf:

Rate bei
Kapitalverzehr

$$r = -K_0 q^n \cdot \frac{q-1}{q^n - 1}.$$

In unserem Fall ergibt sich mit $K_0 = 100.000\,€$, $n = 10$ und $q = 1,03$

$$r = -100.000\,€ \cdot 1,03^{10} \cdot \frac{0,03}{1,03^{10} - 1} = -11.723,05\,€.$$

Es können also 10 Jahre lang jeweils am Jahresende 11.723,05 € entnommen werden. Dann ist das Guthaben aufgebraucht.　□

komplexere
Aufgaben

Komplexere Aufgaben lassen sich durch die Wahl unterschiedlicher Bezugspunkte ebenfalls mit der Sparkassenformel lösen. Nehmen wir an, dass ein Kapital K_0 zunächst einige Jahre angelegt werden soll. Erst nach Ablauf von n_S (Spar-)Jahren soll dann n_E (Entnahme-)Jahre lang eine nachschüssige Rente r ausbezahlt werden, so dass nach der letzten Auszahlung das Kapital aufgebraucht ist. Hilfreich ist, sich die Kapitalbewegungen anhand einer Skizze (siehe Abb. 4.4) zu verdeutlichen:

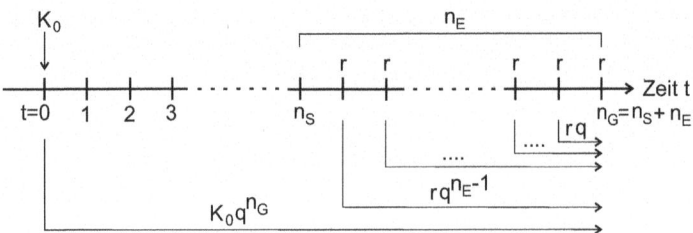

Abb. 4.4. Endwertbetrachtung bei aufgeschobenem Kapitalverzehr

Man erkennt, dass die Endwertbetrachtung nach $n_G = n_S + n_E$ Jahren durchzuführen ist. Das Anfangskapital K_0 ist n_G Jahre aufzuzinsen, während die spätere Rente nur entsprechend ihrer Laufzeit n_E aufzuzinsen ist:

$$K_{n_G} = K_0 q^{n_G} - r \frac{q^{n_E} - 1}{q - 1}.$$

Kapitalverzehr heißt, dass $K_{n_G} = 0$ gelten muss. Auflösung der Formel analog zu Übung 4.6 führt dann zu:

Wird ein Kapital K_0 zunächst n_S Jahre zu $i\%$ angelegt $(q = 1 + i)$ und danach für n_E Jahre eine nachschüssige Rente mit einer Rate in Höhe von

$$r = K_0 q^{n_G} \cdot \frac{q - 1}{q^{n_E} - 1}$$

entnommen, so ist das Kapital nach $n_G = n_S + n_E$ Jahren aufgebraucht.

Rate bei aufgeschobenem Kapitalverzehr

Beispiel 4.6

Eine Erbschaft in Höhe von 100.000 € wird zunächst mit 5% Zins angelegt. Nach Ablauf von 15 Jahren möchte der Erbe 20 Jahre lang nachschüssig einen gleich hohen Betrag r abheben, so dass nach der letzten Abhebung das Kapital verbraucht ist. Um die Rentenzahlung r zu berechnen, machen wir zunächst eine Skizze (siehe Abb. 4.5):

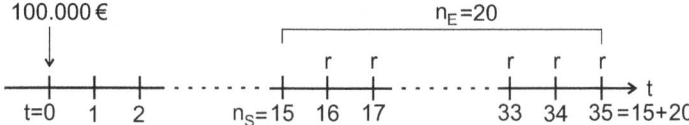

Abb. 4.5. Aufgeschobener Kapitalverzehr mit nachschüssiger Rente

Die gewünschte Auszahlung lässt sich als nachschüssige Rente auffassen, die nach Ablauf von $n_S = 15$ Jahren beginnt. Die Rentendauer soll $n_E = 20$ Jahre betragen, woraus $n_G = 15 + 20 = 35$ folgt. Die Formel für den aufgeschobenen Kapitalverzehr liefert daher eine Rate von

$$r = 100.000\,€ \cdot 1,05^{35} \frac{0,05}{1,05^{20} - 1} = 16.681,86\,€. \qquad \square$$

Übung 4.7

In Beispiel 4.6 möchte der Erbe bereits nach 14 Jahren mit der nachschüssigen Auszahlung einer konstanten Rate r beginnen. Berechnen Sie diese Rate!

Lösung 4.7

Jetzt hat man $n_S = 14$ und unverändert $n_G = 20$. Man kann die gesuchte Rate daher mittels der Formel für den aufgeschobenen Kapitalverzehr mit $n_G = 14 + 20 = 34$ berechnen:

$$r = 100.000 \, € \cdot 1,05^{34} \frac{0,05}{1,05^{20} - 1} = 15.887,48 \, €.$$

Die gewünschte Rentenzahlung lässt sich aber auch als vor-schüssige Rente auffassen, die nach Ablauf von $n_S = 15$ Jahren beginnt. Die bereits in Beispiel 4.6 berechnete nachschüssige Rate $r = 16.681,86 \, €$ muss also lediglich — wie bekannt — mittels $r' = r/q$ in eine vorschüssige Rente r' umgewandelt werden. Man erhält so die gesuchte Rate zu $r' = 16.681,86 \, €/1,05 = 15.887,49 \, €$. (Die Abweichung um $0,01 \, €$ resultiert hier aus der Benutzung des auf zwei Nachkommastellen gerundeten Wertes $16.681,86 \, €$.)   □

4.5 Unterjährige Zins- / Rentenzahlungen

Jährliche Rentenzahlungen sind in der Wirtschaftspraxis nicht allzu sehr verbreitet. In der Regel zahlen Kunden häufig monatliche Raten (z.B. bei Sparplänen, Krediten oder Privatversicherungen), während die Zinsgutschrift jedoch nur einmal zum Jahresende erfolgt. Andererseits können auch die Zinsperioden kleiner sein als die Rentenperioden. Diese Fälle, bei denen sich die Periodizität von Zins- und Ratenzahlungen unterscheidet, sollen hier diskutiert werden.

unterjährige
Renten-
perioden,
Zinstermine
sind auch
Ratentermine

Im Wirtschaftsleben kommt folgender Fall häufig vor: Bei jährlicher Verzinsung fallen zwischen zwei Zinsterminen m Ratenzahlungen in gleichen Perioden an. Dabei setzten wir generell voraus, dass die Zinstermine immer auch auf einem Ratentermin liegen. Abb. 4.6 zeigt diesen Sachverhalt für eine *nachschüssige* Rente.

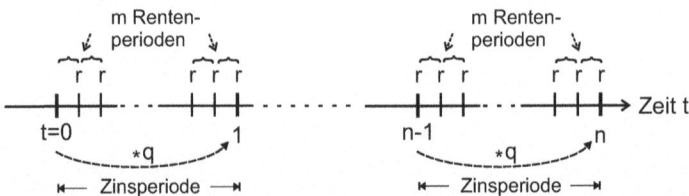

Abb. 4.6. Unterjährige Rentenperioden bei jährlicher Verzinsung

verschiedene
Methoden

Zur Berechnung des Rentenendwertes stellt sich nun die grundsätzliche Frage, wie die innerhalb einer Zinsperiode anfallenden Ratenzahlungen zu verzinsen sind. Hier gibt es in der Praxis mehrere voneinander abweichende Methoden: die ICMA-

Methode, die US-Methode und die so genannte Sparbuchmethode. Allen Methoden ist gemeinsam, dass sie Rentenperioden und Zinsperioden in Übereinstimmung bringen. Unterscheidungen gibt es lediglich bei der benutzten unterjährigen Zinsmethode und den zu verwendenden Periodenzinssätzen. Die erwähnten Unterschiede führen natürlich auch zu unterschiedlichen Ergebnissen.

Wir stellen zunächst die Sparbuchmethode vor. Bei diesem Verfahren bestimmt man pro Zinsperiode jeweils den Wert aller in dieser Periode liegenden Zahlungen r zum *Ende* dieser Periode. Diesen über alle Perioden identischen Jahres-Rentenwert r_E bezeichnet man als so genannte konforme jährliche (nachschüssige) Ersatzrente. Damit hat man eine Anpassung der Rentenperioden an die Zinsperioden erreicht: Es macht keinen Unterschied, ob m unterjährige Raten r entrichtet werden oder ob jährlich nachschüssig einmal eine Rate in Höhe von r_E gezahlt wird. In beiden Fällen erhält man den gleichen Endwert. Zur Berechnung der konformen Ersatzrente r_E wird die lineare Verzinsung benutzt. Die m unterjährigen nachschüssigen Ratenzahlungen r werden also linear mit dem Periodenzinssatz $i_p = \frac{i}{m}$ (siehe Seite 17) aufgezinst: Die 1.Rate r ist um $m-1$ Perioden aufzuzinsen, die 2.Rate um $m-2$ Perioden, usw. Die vorletzte Rate wird noch um eine Periode aufgezinst und die letzte überhaupt nicht mehr, d.h. es ergibt sich

Sparbuchmethode

konforme Ersatzrente

lineare Verzinsung

$$r_E = r(1 + (m-1)i_p) + r(1 + (m-2)i_p) + \ldots + r(1 + i_p) + r$$
$$= r\Big(1 + (m-1)i_p + 1 + (m-2)i_p + \ldots + 1 + i_p + 1\Big)$$
$$= rm + ri_p\Big((m-1) + (m-2) + \ldots + 1\Big)$$
$$= rm + ri_p\frac{m(m-1)}{2}.$$

Beachtet man, dass $i_p = \frac{i}{m}$, so erhält man durch Kürzen von m und Ausklammern von r:

$$r_E = r\left(m + \frac{m-1}{2} \cdot i\right).$$

Werden die Raten nicht nachschüssig, sondern vorschüssig gezahlt, so ist jede der m Raten um eine Rentenperiode länger aufzuzinsen, d.h. es fallen pro Rate zusätzlich ri_p Zinsen an, also bei m Zahlungen insgesamt $m \cdot ri_p = ri$ zusätzliche Zinsen. Daher gilt bei vorschüssigen Raten für die konforme (nachschüssige!) Ersatzrente r'_E:

vorschüssige Rentenraten

$$r'_E = r_E + ri = r\left(m + \frac{m-1}{2} \cdot i\right) + ri$$

$$= r\left(m + \frac{m-1}{2} \cdot i + i\right)$$

$$= r\left(m + \frac{m-1+2}{2} \cdot i\right) = r\left(m + \frac{m+1}{2} \cdot i\right).$$

In *beiden* Fällen erhält man nun den gesuchten Rentenendwert durch Anwendung der entsprechenden *nachschüssigen* Rentenformel.

Sparbuch-
methode,
konforme
Ersatzrente

Liegen in jeder jährlichen Zinsperiode m unterjährige Rentenperioden, so ergibt sich bei einem Jahreszins von i und Raten r die konforme (nachschüssige) Ersatzrente

- bei nachschüssiger Rente zu

$$r_E = r\left(m + \frac{m-1}{2} \cdot i\right),$$

- bei vorschüssiger Rente zu

$$r'_E = r\left(m + \frac{m+1}{2} \cdot i\right).$$

In beiden Fällen sind die Formeln für die nachschüssige Rente anzuwenden.

Beispiel 4.7
Auf ein Sparbuch mit einer Verzinsung von 5% p.a. werden *quartalsweise* nachschüssig 100 € eingezahlt. Wir wollen wissen, wie hoch das Endkapital nach 10 Jahren ist.
Mit $r = 100\,€$, $m = 4$ und $i = 0,05$ bestimmen wir zunächst die konforme Ersatzrente (in €) :

$$r_E = r\left(m + \frac{m-1}{2} \cdot i\right) = 100\left(4 + \frac{4-1}{2} \cdot 0,05\right) = 407,50.$$

Der gesuchte Rentenendwert ergibt sich nun zu

$$R_{10} = 407,50\,€ \cdot \frac{1,05^{10} - 1}{1,05 - 1} = 5.125,49\,€. \qquad \square$$

Übung 4.8
Berechnen Sie mit den Eckdaten aus Beispiel 4.7 den Renten-

endwert, falls die $100\,€$ quartalsweise vorschüssig gezahlt werden.

Lösung 4.8

Bei vorschüssiger Rente berechnet sich die konforme Ersatzrente (in $€$) zu

$$r'_E = r\left(m + \frac{m+1}{2}\cdot i\right) = 100\left(4 + \frac{4+1}{2}\cdot 0,05\right) = 412,50$$

und daraus ein Rentenendwert von (anzuwenden ist auch hier die Formel für die jährliche nachschüssige Rente!)

$$R_{10} = 412,50\,€ \cdot \frac{1,05^{10}-1}{1,05-1} = 5.188,38\,€. \qquad \square$$

Das zweite Verfahren, die ICMA-Methode, benutzt im unterjährigen Bereich anstelle der linearen die exponentielle Verzinsung (siehe auch Seite 50). Der anzuwendende Periodenzinssatz i_p soll konform zum Jahreszinssatz i sein, d.h. bei m Rentenperioden innerhalb einer Zinsperiode muss gelten (vgl. Ausführungen zum effektiven Zinssatz auf Seite 18):   **ICMA-Methode**

$$(1+i_p)^m = 1+i \quad \text{bzw.} \quad 1+i_p = (1+i)^{1/m}.$$

Die Gleichheit von Rentenperiode und Zinsperiode wird hier also durch "Verkleinerung" des Zinssatzes erreicht (bei der Sparbuchmethode wurde die Rate "vergrößert"). Wegen der Periodengleichheit können nun die bekannten Rentenformeln benutzt werden.

Liegen in jeder jährlichen Zinsperiode m unterjährige Rentenperioden, so ist bei einem Jahreszins von i und Raten r **ICMA-Methode, exponentielle Verzinsung**

$$i_p = (1+i)^{1/m} - 1$$

der anzuwendende Periodenzinssatz. Mit $q_p = 1 + i_p$ ergibt sich nach n Jahren bei nachschüssiger Rente ein Rentenendwert von

$$R_{nm} = r\frac{q_p^{nm}-1}{q_p-1}.$$

Der Rentenendwert bei vorschüssiger Rente berechnet sich zu $R'_{nm} = R_{nm}q_p$.

Beispiel 4.8

Wir berechnen den Rentenendwert für das Beispiel 4.7 mittels ICMA-Methode. Mit $q = 1,05$ ergibt sich $q_p = 1,05^{1/4}$ und damit ($n \cdot m = 10 \cdot 4 = 40$)

$$R_{40} = 100\,\text{€} \cdot \frac{(1,05^{1/4})^{4\cdot10} - 1}{1,05^{1/4} - 1} = 5.124,53\,\text{€}.$$

Bei vorschüssiger Ratenzahlung hätte sich ein Endwert von $R'_{40} = 5.124,53\,\text{€} \cdot 1,05^{1/4} = 5.187,42\,\text{€}$ ergeben.   □

Vergleich
Sparbuch- mit
ICMA-Methode

In beiden Fällen sind die Werte etwas kleiner als die mit der Sparbuchmethode berechneten Rentenendwerte. Dies liegt — wie bereits auf Seite 21 ausgeführt — daran, dass im unterjährigen Bereich die lineare Verzinsung stets einen höheren Wert als die exponentielle Verzinsung liefert.

US-Methode

Die US-Methode unterscheidet sich von der ICMA-Methode lediglich durch die Anwendung eines anderen Periodenzinssatzes:

US-Methode,
exponentielle
Verzinsung

Liegen in jeder jährlichen Zinsperiode m unterjährige Rentenperioden, so ist bei einem Jahreszins von i und Raten r

$$i_p = \frac{i}{m}$$

der anzuwendende Periodenzinssatz. Den Rentenendwert erhält man aus den Formeln für die ICMA-Methode.

Übung 4.9

Berechnen Sie in Beispiel 4.7 den Rentenendwert mittels US-Methode.

Lösung 4.9

Wegen $i = 0,05$ ergibt sich der anzuwendende Periodenzinssatz zu $i_p = \frac{0,05}{4} = 0,0125$. Mit $q_p = 1,0125$ lautet der Rentenendwert:

$$R_{40} = 100\,\text{€} \cdot \frac{1,0125^{40} - 1}{0,0125} = 5.148,96\,\text{€}.$$ □

Vergleich
ICMA- mit
US-Methode

Da die Aufzinsung bei der US-Methode stärker ausfällt als bei der ICMA-Methode ($1,0125 > 1,05^{1/4}$), ist der Endwert bei der US-Methode größer als der ICMA-Endwert.

Abschließend betrachten wir nun den Fall, dass die Rentenperiode größer als die Zinsperiode ist.

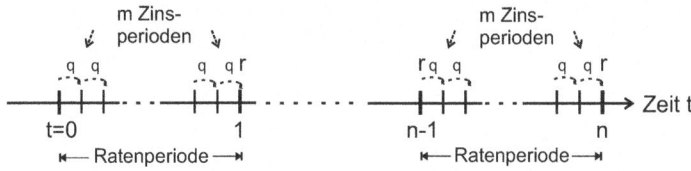

unterjährige
Zinstermine,
Ratentermine
sind auch
Zinstermine

Abb. 4.7. Unterjährige Zinsperioden bei jährlichen Rentenraten

Dabei setzen wir generell voraus, dass die Ratentermine auch Zinstermine sind. Wir untersuchen zunächst den Fall der nachschüssigen Rente (siehe Abb. 4.7).

Auch hier ist die Berechnung des Rentenendwertes auf einfache Weise möglich, indem man Zinsperioden und Rentenperioden in Übereinstimmung bringt. Hierzu zerlegt man die jährliche Rate r in m identische konforme Ersatzrenten r_E, die nachschüssig zu den Verzinsungszeitpunkten zu zahlen sind (siehe Abb. 4.8).

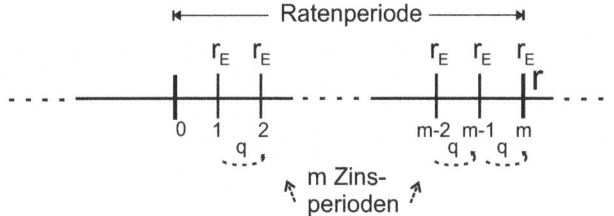

Abb. 4.8. Konforme periodische Ersatzrenten bei jährlichen Rentenraten

Gemäß dem Äquivalenzprinzip muss gelten, dass die Summe aller exponentiell aufgezinsten Ersatzrenten r_E gleich der ursprünglichen Jahresrate r ist, d.h.

$$r_E q^{m-1} + r_E q^{m-2} + \ldots + r_E^2 + r_E q + r_E = r.$$

Diese Gleichung ist aber äquivalent zu (geometrische Reihe!)

$$r_E \frac{q^m - 1}{q - 1} = r.$$

Nun kann wieder die jährliche Rentenformel benutzt werden. Einsetzen muss man in diese natürlich den entsprechenden Periodenzinssatz i_p.

nachschüssige
Rente,
unterjährige
Zinsperioden,
konforme
Ersatzrente

Liegen bei einer nachschüssigen jährlichen Rente mit Raten r in jeder Ratenperiode m unterjährige Zinsperioden, so ergibt sich bei einem Jahreszins von i bzw. einem Periodenzinssatz von $i_p = \frac{i}{m}$ mit $q_p = 1 + i_p$ die konforme nachschüssige Ersatzrente r_E zu

$$r_E = r \frac{q_p - 1}{q_p^m - 1}.$$

Der Rentenendwert nach n Jahren ist

$$R_{nm} = r_E \frac{q_p^{nm} - 1}{q_p - 1}.$$

Beispiel 4.9
Eine nachschüssige jährliche Rente von $1.000\,€$ wird bei einem Zinssatz von 5% p.a. quartalsweise verzinst. Die Rente soll 10 Jahre bezahlt werden.
Um deren Endwert zu berechnen, ermitteln wir zunächst die konforme Ersatzrente r_E. Mit $q_p = 1 + i_p = 1 + \frac{0,05}{4} = 1,0125$, $m = 4$ und $r = 1.000\,€$ gilt

$$r_E = 1.000\,€ \cdot \frac{1,0125 - 1}{1,0125^4 - 1} = 245,36\,€.$$

Damit ergibt sich nach 10 Jahren (mit $n \cdot m = 10 \cdot 4 = 40$) ein Rentenendwert von

$$R_{40} = 245,36\,€ \cdot \frac{1,0125^{40} - 1}{1,0125 - 1} = 12.633,48\,€.$$

Möchte man den Barwert der Rente ermitteln, so muss man den Endwert um die 40 Zinsperioden (Quartale) abzinsen:

$$R_0 = \frac{R_{40}}{1,0125^{40}} = 7.686,38\,€. \qquad \qquad \square$$

Ist eine vorschüssige Rente mit Raten r' vorgegeben, so ist diese äquivalent zu einer nachschüssigen Rente mit Raten $r = r'q^m$, da m Zinsperioden in einer Rentenperiode liegen.

Liegen bei einer vorschüssigen jährlichen Rente mit Raten r' in jeder Ratenperiode m unterjährige Zinsperioden, so ergibt sich bei einem Jahreszins von i bzw. einem Periodenzinssatz von $i_p = \frac{i}{m}$ mit $q_p = 1 + i_p$ die konforme nachschüssige Ersatzrente r'_E zu

$$r'_E = r'q^m \frac{q_p - 1}{q_p^m - 1}.$$

Der Rentenendwert nach n Jahren berechnet sich analog zum nachschüssigen Fall.

vorschüssige Rente, unterjährige Zinsperioden, konforme Ersatzrente

Übung 4.10
Die Rente aus Beispiel 4.9 soll vorschüssig gezahlt werden. Welcher Rentenendwert ergibt sich?

Lösung 4.10
Mit $q_p = 1,0125$ ergibt sich die nachschüssige Ersatzrente

$$r_E = 1.000\ \text{€} \cdot 1,0125^4 \cdot \frac{1,0125 - 1}{1,0125^4 - 1} = 257,86\ \text{€}.$$

Man erhält nach 10 Jahren einen Rentenendwert von

$$R_{40} = 257,86\ \text{€} \cdot \frac{1,0125^{40} - 1}{1,0125 - 1} = 13.277,10\ \text{€}. \qquad \square$$

Es sei noch darauf hingewiesen, dass das Prinzip, Zinsperioden und Rentenperioden in Übereinstimmung zu bringen, auch angewandt werden kann, wenn die Ratenzahlungen nicht jährlich stattfinden. Die in die Formel eingehenden Größen m, n und q_p müssen lediglich entsprechend interpretiert werden.

Beispiel 4.10
Bei einem Sparvertrag sind Zinsen in Höhe von 3% p.a. vereinbart. Alle drei Jahre wird nachschüssig ein Betrag von 10.000 € einbezahlt. Um zu berechnen, welchen Wert der Vertrag nach 12 Jahren hat, wählt man als Periodenzinssatz $i_p = 0,03$, d.h. $q_p = 1,03$. In einer (dreijährigen) Rentenperiode liegen 3 Zinsperioden. Daher ist $m = 3$ zu setzen. Die konforme Ersatzrente, die hier eine jährliche(!) Ersatzrente darstellt, berechnet sich zu

$$r_E = r\frac{q_p - 1}{q_p^m - 1} = 10.000\ \text{€} \cdot \frac{1,03 - 1}{1,03^3 - 1} = 3.235,30\ \text{€}.$$

Der Rentenendwert nach 12 Jahren ergibt sich daher zu

$$R_{12} = 3.235,30\, € \cdot \frac{1,03^{12} - 1}{1,03 - 1} = 45.915,47\, €.$$

Da der Periodenzinssatz hier mit dem Jahreszinssatz identisch ist, ergibt sich der gesuchte Wert natürlich als R_{12} und nicht als R_{36}! □

4.6 Zusammenfassung: Rentenrechnung

Wichtige Begriffe aus der Rentenrechnung:
Rentenrate, Ratenhöhe r (konstant über alle Perioden)
Laufzeit = Anzahl n der Ratenperioden
Rentenbarwert R_0
Rentenendwert R_n

nachschüssige Rente: wird jeweils **am Ende** einer Periode gezahlt
vorschüssige Rente: wird jeweils **zu Beginn** einer Periode gezahlt

Nachschüssige Renten:
Die Formel für nachschüssige Renten lautet:

$$R_n = r \cdot \frac{q^n - 1}{q - 1} = r \cdot s_n.$$

Der Faktor $s_n := \frac{q^n - 1}{q - 1}$ heißt Rentenendwertfaktor.
Der Rentenbarwert R_0 berechnet sich zu

$$R_0 = \frac{R_n}{q^n} = r \cdot b_n.$$

Der Faktor $b_n := \frac{1}{q^n} \cdot \frac{q^n - 1}{q - 1}$ heißt Rentenbarwertfaktor.

Nachschüssige Renten: Laufzeit
Die Laufzeit n einer nachschüssigen Rente mit dem Barwert R_0 ergibt sich bei
Raten in Höhe von r und einer Verzinsung von i zu

$$n = -\frac{\ln\left(1 - \frac{R_0}{r} i\right)}{\ln(1 + i)}.$$

Nachschüssige Renten: Verzinsung
Hat eine nachschüssige Rente mit Ratenzahlungen r nach n Jahren einen Endwert von R_n, so kann die Verzinsung des Kapitals mittels nachfolgender Formel
angenähert werden:

$$q_{k+1} = q_k - \frac{R_n(q_k - 1) - r(q_k^n - 1)}{R_n - rnq_k^{n-1}}, \quad k = 0, 1, \ldots$$

Der Startwert q_0 sollte sinnvoll vorgegeben werden. Das zugrunde liegende numerische Verfahren heißt Newtonverfahren.

Vorschüssige Renten:
Die Formel für vorschüssige Renten lautet:

$$R'_n = r \cdot q \cdot \frac{q^n - 1}{q - 1} = r \cdot s'_n.$$

Der Faktor $s'_n := q \cdot \frac{q^n-1}{q-1}$ heißt Rentenendwertfaktor.
Der Rentenbarwert R'_0 berechnet sich zu

$$R'_0 = \frac{R'_n}{q^n} = r \cdot b'_n.$$

Der Faktor $b'_n := q \cdot \frac{1}{q^n} \cdot \frac{q^n-1}{q-1}$ heißt Rentenbarwertfaktor.

Ewige Renten:
Ist die Anzahl von Rentenzahlungen unbegrenzt, so spricht man von ewiger Rente.
Ewige Renten treten z.B. bei Stiftungen oder bei Pachtverträgen auf.
Der Barwert (z.B. Stiftungskapital) einer ewigen nachschüssigen Rente ist

$$R_0 = \frac{r}{i}.$$

Der Barwert einer ewigen vorschüssigen Rente ergibt sich zu

$$R'_0 = q \cdot \frac{r}{i}, \quad q = 1 + i.$$

Den Wert $1/i$ nennt man Kapitalisierungsfaktor. Der Endwert einer ewigen Rente ist nicht definiert.

Kapitalaufbau und Kapitalverzehr:
Bei vorgegebenem Anfangskapital K_0, fester Verzinsung von i und einer nachschüssigen Rente r mit einer Laufzeit von n Jahren ergibt sich ein Endkapital von

$$K_n = K_0 q^n + r \frac{q^n - 1}{q - 1}.$$

Da die Größe K_n sich als Kontostand eines Bankkontos nach n Einzahlungen ($r > 0$) bzw. Abhebungen ($r < 0$) interpretieren lässt, bezeichnet man diese Formel auch als Sparkassenformel (für $r > 0$ auch als Kapitalaufbauformel).

Zinsperiode ungleich Rentenperiode:
Stimmen Zinsperiode und Rentenperiode nicht überein (z.B. monatliche Rentenzahlungen, jährliche Verzinsung), so berechnet man eine (jährliche) Ersatzrente.

Jährliche Verzinsung, unterjährige Rentenzahlungen:
Bei jährlicher Verzinsung und unterjähriger Rentenzahlung kann die Berechnung einer Ersatzrente auf verschiedene Weise geschehen:

- Sparbuchmethode, lineare Verzinsung, konforme Ersatzrente
- ICMA-Methode, exponentielle Verzinsung, zum Jahreszinssatz konformer
  Periodenzinssatz
- US-Methode, exponentielle Verzinsung, Periodenzinssatz

Sparbuchmethode, konforme Ersatzrente:
Liegen in jeder jährlichen Zinsperiode m unterjährige Rentenperioden, so ergibt
sich bei einem Jahreszins von i und Raten r die konforme (nachschüssige)
Ersatzrente

- bei nachschüssiger Rente zu

$$r_E = r \left(m + \frac{m-1}{2} \cdot i \right),$$

- bei vorschüssiger Rente zu

$$r'_E = r \left(m + \frac{m+1}{2} \cdot i \right).$$

In beiden Fällen sind die Formeln für die nachschüssige Rente anzuwenden.

ICMA-Methode, exponentielle Verzinsung:
Liegen in jeder jährlichen Zinsperiode m unterjährige Rentenperioden, so ist
bei einem Jahreszins von i und Raten r

$$i_p = (1+i)^{1/m} - 1$$

der anzuwendende Periodenzinssatz. Mit $q_p = 1 + i_p$ ergibt sich nach n Jahren
bei nachschüssiger Rente ein Rentenendwert von

$$R_{nm} = r \frac{q_p^{nm} - 1}{q_p - 1}.$$

Der Rentenendwert bei vorschüssiger Rente berechnet sich zu $R'_{nm} = R_{nm} q_p$.

US-Methode, exponentielle Verzinsung:
Liegen in jeder jährlichen Zinsperiode m unterjährige Rentenperioden, so ist bei einem Jahreszins von i und Raten r

$$i_p = \frac{i}{m}$$

der anzuwendende Periodenzinssatz. Den Rentenendwert erhält man aus den Formeln für die ICMA-Methode.

Jährliche Rentenraten und unterjährige Zinsperioden:
Bei jährlichen Rentenraten und unterjährige Zinsperioden berechnet man konforme Ersatzrenten:

- Liegen bei einer **nachschüssigen** jährlichen Rente mit Raten r in jeder Ratenperiode m unterjährige Zinsperioden, so ergibt sich bei einem Jahreszins von i bzw. einem Periodenzinssatz von $i_p = \frac{i}{m}$ mit $q_p = 1 + i_p$ die konforme nachschüssige Ersatzrente r_E zu

$$r_E = r \frac{q_p - 1}{q_p^m - 1}.$$

  Der Rentenendwert nach n Jahren ist

$$R_{nm} = r_E \frac{q_p^{nm} - 1}{q_p - 1}.$$

- Liegen bei einer **vorschüssigen** jährlichen Rente mit Raten r' in jeder Ratenperiode m unterjährige Zinsperioden, so ergibt sich bei einem Jahreszins von i bzw. einem Periodenzinssatz von $i_p = \frac{i}{m}$ mit $q_p = 1 + i_p$ die konforme nachschüssige Ersatzrente r'_E zu

$$r'_E = r' q^m \frac{q_p - 1}{q_p^m - 1}.$$

  Der Rentenendwert nach n Jahren berechnet sich analog zum nachschüssigen Fall.

4.7 Summary: Annuity calculation

Definitions:
Rentenrechnung	annuity calculation
nachschüssige Rente	annuity immediate, annuity in arrears, ordinary annuity, deferred annuity
vorschüssige Rente	annuity due, annuity in advance
Laufzeit	contract period, term
Rentenperiode	annuity period
Zinsperiode	interest period
Rentenbarwert	present value of annuity
Rentenendwert	future value of annuity, accumulation of annuity
ewige Rente	perpetuity, perpetual annuity

Ordinary annuity:

If a series of equal payments is made at fixed intervals, then the series is an annuity. If all payments occur at the end of each period, we have an ordinary annuity.

The future value R_n of an ordinary annuity is:

$$R_n = r \cdot \frac{q^n - 1}{q - 1}.$$

Its present value R_0 is calculated by

$$R_0 = \frac{R_n}{q^n}.$$

Payment periods $\neq$ compounding periods:

If payment periods do not correspond to compounding periods, calculations are more complicated.

This is the case, e.g., if you make quarterly payments into a bank account to build up a future sum, but the bank pays interests yearly.

There are different methods how to calculate the future value of the annuity.

Annuity in advance:

If a series of equal payments is made at fixed intervals, then the series is an annuity. If all payments occur at the beginning of each period, we have an annuity in advance.

The future value R'_n of an annuity in advance is:

$$R'_n = r \cdot q \cdot \frac{q^n - 1}{q - 1}.$$

Its present value R'_0 is calculated by

$$R'_0 = \frac{R'_n}{q^n}.$$

Perpetuity:

A perpetuity is an annuity with an infinite number of payments.

The relationship between the present value R_0 of a perpetuity (e.g. an endowment), regular cash payments r and the interest rate i is:

– with payments beginning one period from now:

$$R_0 = \frac{r}{i},$$

– with payments beginning immediately:

$$R'_0 = q \cdot \frac{r}{i}, \quad q = 1 + i.$$

4.8 Übungsaufgaben

Nachschüssige Rente

1.) Sie zahlen insgesamt 7 Jahre lang jeweils am Ende eines Jahres einen Betrag von 1.000 € auf ein Konto bei vereinbarten 5% Verzinsung ein. Über wie viel Geld können Sie nach Ablauf der Laufzeit auf dem Konto verfügen?

2.) Sie wollen nach 40 Jahren über ein Vermögen von 1 Million € verfügen. Dazu zahlen Sie jeweils am Ende des Jahres einen festen Betrag ein. Ihnen wird 3% Verzinsung über die gesamte Laufzeit garantiert. Welchen Betrag müssen Sie jährlich einzahlen?

3.) Sie können jedes Jahr 10.000 € auf ein Konto einzahlen (nachschüssig). Ihnen wird 2% Verzinsung garantiert. Wie lange müssen Sie einzahlen, um auf 1 Million € zu kommen?

4.) Sie haben 10.000 € geerbt. Der Betrag liegt auf einem Konto bei 4% Verzinsung fest. Wie lange können Sie jeweils am Ende des Jahres 1.000 € abheben?

5.) Sie zahlen insgesamt 10 Jahre lang jeweils am Ende eines Jahres einen Betrag von 1.000 € auf ein Konto ein. Der Endwert Ihrer Rente soll 15.000 € betragen. Welcher Zinssatz muss zugrunde gelegt werden? Führen Sie 4 Schritte des Newton–Verfahrens mit dem Startwert $q_0 = 1,08$ durch.

Vorschüssige Rente

1.) Sie zahlen insgesamt 7 Jahre lang jeweils am Anfang eines Jahres einen Betrag von 1.000 € auf ein Konto bei vereinbarten 5% Verzinsung ein. Über wie viel Geld können Sie nach Ablauf der Laufzeit auf dem Konto verfügen?

2.) Sie wollen nach 40 Jahren über ein Vermögen von 1 Million € verfügen. Dazu zahlen Sie jeweils am Anfang des Jahres einen festen Betrag ein. Ihnen wird 3% Verzinsung über die gesamte Laufzeit garantiert. Welchen Betrag müssen Sie jährlich einzahlen?

3.) Sie können jedes Jahr 10.000 € auf ein Konto einzahlen (vorschüssig). Ihnen wird 2% Verzinsung garantiert. Wie lange müssen Sie einzahlen, um auf 1 Million € zu kommen?

4.) Sie haben 10.000 € geerbt. Der Betrag liegt auf einem Konto bei 4% Verzinsung fest. Wie lange können Sie jeweils am Anfang des Jahres 1.000 € abheben?

5.) Sie zahlen insgesamt 10 Jahre lang jeweils am Anfang eines Jahres einen Betrag von 1.000 € auf ein Konto ein. Der Endwert Ihrer Rente soll 15.000 € betragen. Welcher Zinssatz muss zugrunde gelegt werden? Leiten Sie das entsprechende Newton–Verfahren her und führen Sie 4 Schritte mit dem Startwert $q_0 = 1,08$ durch.

Ewige Rente

1.) Ein Bankkunde hat ein Guthaben von 250.000 €. Ihm wird ein Zinssatz von 3,5% p.a. garantiert. Welche nachschüssige jährliche Rentenzahlung könnte er bei ewiger Rente bekommen?

2.) Ein Bankkunde hat ein Guthaben von 250.000 €. Ihm wird ein Zinssatz von 3,5% p.a. garantiert. Welche vorschüssige jährliche Rentenzahlung könnte er bei ewiger Rente bekommen?

3.) Ein Bankkunde hat ein Guthaben von 250.000 €. Dies würde ihm (s. Aufgabe 1) bei einem Zinssatz von 3,5% p.a. eine nachschüssige ewige Rente von 8.750 € garantieren. Bei welchem Zinssatz erhielte der Bankkunde sogar eine *vorschüssige* ewige Rente von 8.750 €?

Kapitalaufbau und Kapitalverzehr

1.) Ein Spekulationsgewinn von 25.000 € wird zu 5% p.a. angelegt. Der Spekulant hebt 10 Jahre lang jährlich nachschüssig jeweils 3.000 € ab. Wie viel Kapital verbleibt ihm nach 10 Jahren auf dem Konto?

2.) Ein Spekulationsgewinn von 25.000 € wird zu 5% p.a. angelegt. Wie lange kann der Spekulant jährlich nachschüssig 1.500 € abheben, bis das Kapital aufgebraucht ist?

3.) Ein Sparer legt eine Erbschaft von 100.000 € an und zahlt zusätzlich 20 Jahre lang jährlich vorschüssig 5.000 € bei 4% Verzinsung p.a. ein. Wie hoch ist sein Vermögen nach 20 Jahren?

4.) Sie legen 20.000 € für 30 Jahre zu 7% p.a. an. Danach entnehmen Sie jährlich nachschüssig für 15 Jahre einen gleich hohen Betrag r, so dass Ihr Kapital nach der letzten Abhebung verbraucht ist. Wie hoch ist r?

5.) a) Sie sparen für Ihre Altersvorsorge und zahlen 200 € jährlich auf ein Konto ein. Sie beginnen sofort und zahlen insgesamt dreißigmal. Die Verzinsung sei 7%. Damit bauen Sie ein gewisses Vermögen auf. Wie hoch ist dieses? Nach 30 Jahren entnehmen Sie dann Ihrem Vermögen einen jährlich gleich großen Betrag, Ihre Rente, wiederum vorschüssig. Auch hier sei eine Verzinsung von 7% zugrunde gelegt. Wie hoch ist Ihre Rente, wenn sie genau 15 Jahre gezahlt werden soll?
b) dito, aber mit 30 Jahren Rentenauszahlung.

Unterjährige Zins-/Rentenzahlungen

1.) a) Auf ein Sparbuch mit *jährlicher* Verzinsung zahlen Sie *jährlich* nachschüssig 120 € ein. Wie hoch ist das Endkapital nach 20 Jahren bei einem Zinssatz von 6% p.a.?
b) Auf ein Sparbuch mit *jährlicher* Verzinsung von 6% p.a. zahlen Sie *monatlich* nachschüssig 20 Jahre lang jeden Monat 10 € ein. Berechnen Sie nach der *Sparbuchmethode* die konforme jährliche Ersatzrente und den Rentenendwert.
c) Auf ein Sparbuch mit *jährlicher* Verzinsung von 6% p.a. zahlen Sie *monatlich* nachschüssig 20 Jahre lang jeden Monat 10 € ein. Berechnen Sie nach der *ICMA-Methode* den Periodenzinssatz und den Rentenendwert.
d) Auf ein Sparbuch mit *jährlicher* Verzinsung von 6% p.a. zahlen Sie *monatlich* nachschüssig 20 Jahre lang jeden Monat 10 € ein. Berechnen Sie nach der *US-Methode* den Periodenzinssatz und den Rentenendwert.
e) Vergleichen Sie die Rentenendwerte im Falle a), b), c) und d). Begründen Sie die Unterschiede!

2.) Sie zahlen am Ende eines jeden *ungeraden* Monats (d.h. Ende Januar, Ende März, ..., Ende November) 200 € auf ein Sparkonto mit i=5% p.a. ein. Wie groß ist Ihr Guthaben nach 24 Jahren? (Hinweis: Sparbuchmethode, innerhalb eines Jahres lineare Verzinsung, jährlich nachschüssige Ersatzrente bestimmen.)

3.) Auf ein Sparbuch mit *jährlicher* Verzinsung zahlen Sie *alle 2 Jahre* nachschüssig 1.000 € ein. Dies geschieht insgesamt fünfmal. Zugrunde liegt ein Zinssatz von 4% p.a. Berechnen Sie zunächst die jährliche Ersatzrente. Wie hoch ist das Endkapital nach 10 Jahren?

4.9 Lösungen

Nachschüssige Rente

1.) Einsetzen in die Rentenformel liefert:

$$R_7 = 1.000 \, € \cdot \frac{1,05^7 - 1}{1,05 - 1} = 8.142,01 \, €.$$

2.) Einsetzen in die Rentenformel liefert:

$$1.000.000 \, € = r \cdot \frac{1,03^{40} - 1}{1,03 - 1}.$$

Jetzt muss noch nach r aufgelöst werden:

$$r = 1.000.000 \, € \cdot \frac{1,03 - 1}{1,03^{40} - 1} = 13.262,38 \, €.$$

3.) Einsetzen in die Rentenformel liefert:

$$1.000.000 \, € = 10.000 \, € \cdot \frac{1,02^n - 1}{1,02 - 1}.$$

Jetzt muss noch nach n aufgelöst werden:

$$1,02^n = \frac{1.000.000}{10.000} \cdot 0,02 + 1 = 3$$

bzw.

$$n = \frac{\ln 3}{\ln 1,02} \approx 55,48.$$

4.) Mit $R_0 = 10.000 \, €$, $q = 1,04$, $r = 1.000 \, €$ liefert Einsetzen in die Rentenformeln:

$$R_n = R_0 \cdot q^n = 10.000 \, € \cdot 1,04^n,$$

$$R_n = 1.000 \, € \cdot \frac{1,04^n - 1}{1,04 - 1}.$$

Auflösen nach n ergibt:

$$n = -\frac{\ln\left(1 - \frac{10.000}{1.000} \cdot 0,04\right)}{\ln 1,04} \approx 13,02.$$

5.) Gelöst werden muss die Gleichung

$$15.000 \, \text{€} = 1.000 \, \text{€} \cdot \frac{q^{10} - 1}{q - 1}.$$

Die Rekursionsformel des Newton–Verfahrens lautet

$$q_{k+1} = q_k - \frac{15.000(q_k - 1) - 1.000(q_k^{10} - 1)}{15.000 - 1.000 \cdot 10 \cdot q_k^9}, \quad k = 0, 1, \dots.$$

Mit dem Startwert $q_0 = 1,08$ erhält man

k	q_k
1	$1,0882314$
2	$1,0873320$
3	$1,0873205$
4	$1,0873205$

Es muss also ein Zinssatz von $8,73\%$ zugrunde gelegt werden.

Vorschüssige Rente

1.) Analog zur Rechnung für nachschüssige Renten erhält man im Falle der vorschüssigen Rente $R_7' = R_7 \cdot q = 8.549,11 \, \text{€}$.

2.) Hier erhält man in analoger Rechnung $r = 12.876,10 \, \text{€}$.

3.) Bei vorschüssiger Rente erhält man analog $n \approx 54,81$ Jahre.

4.) Bei vorschüssiger Rente ergeben sich in analoger Rechnung $n \approx 12,38$ Jahre.

5.) Für vorschüssige Renten muss die Gleichung

$$R_n' - rq\frac{q^n - 1}{q - 1} = 0 \iff R_n'(q - 1) - rq(q^n - 1) = 0$$

gelöst werden. Wir können daher $f(q) := R_n'(q - 1) - rq(q^n - 1)$ setzen. Unter Beachtung von

$$f'(q) = R_n' - r((n + 1)q^n - 1)$$

ergibt sich dann die Rekursionsformel des Newton–Verfahrens:

$$q_{k+1} = q_k - \frac{R_n'(q_k - 1) - rq_k(q_k^n - 1)}{R_n' - r \cdot ((n + 1)q_k^n - 1)}, \quad k = 0, 1, \dots.$$

Im vorliegenden Fall ergibt sich

$$q_{k+1} = q_k - \frac{15.000(q_k - 1) - 1.000q_k(q_k^{10} - 1)}{15.000 - 1.000 \cdot (11q_k^{10} - 1)}, \quad k = 0, 1, \ldots.$$

Mit dem Startwert $q_0 = 1,08$ erhält man

k	q_k
1	$1,0733353$
2	$1,0725771$
3	$1,0725674$
4	$1,0725674$

Es muss also ein Zinssatz von $7,26\%$ zugrunde gelegt werden.

Ewige Rente

1.) Die nachschüssige ewige Rentenzahlung berechnet sich zu:

$$250.000 \,\text{€} \cdot 0,035 = 8.750 \,\text{€}.$$

2.) Die vorschüssige ewige Rentenzahlung berechnet sich zu:

$$\frac{250.000 \,\text{€} \cdot 0,035}{1,035} = 8.454,11 \,\text{€}.$$

3.) Die Gleichung

$$250.000 \,\text{€} = \frac{1 + i}{i} \cdot 8.750 \,\text{€}$$

muss gelöst werden. Es ergibt sich $i \approx 0,03627$. Also ist ein Zinssatz von $3,63\%$ zu garantieren.

Kapitalaufbau und Kapitalverzehr

1.) Mit $q = 1,05$, $n = 10$, $K_0 = 25.000\,\text{€}$, $r = -3.000\,\text{€}$ ergibt sich mit Hilfe der Sparkassenformel ein Rentenendwert von

$$K_{10} = K_0 q^{10} + r\frac{q^{10} - 1}{q - 1} = 25.000 \,\text{€} \cdot 1,05^{10} - 3.000 \,\text{€} \cdot \frac{1,05^{10} - 1}{1,05 - 1} = 2.988,69 \,\text{€}.$$

2.) Die Formel

$$0 = K_0 q^n + r\frac{q^n - 1}{q - 1}$$

muss nach n aufgelöst werden:

$$n = -\frac{\ln\left(1 + \frac{K_0}{r}(q - 1)\right)}{\ln q}.$$

Mit $q = 1,05$, $K_0 = 25.000\,\text{€}$, $r = -1.500\,\text{€}$ ergibt sich

$$n = -\frac{\ln\left(1 - \frac{25.000}{1.500} \cdot 0,05\right)}{\ln 1,05} \approx 36,72.$$

3.) Wegen der vorschüssigen Zahlung der Annuitäten gilt hier die Formel:

$$K_n = K_0 q^n + rq\frac{q^n - 1}{q - 1}.$$

Mit $q = 1,04$, $n = 20$, $K_0 = 100.000\,€$, $r = 5.000\,€$ ergibt sich ein Rentenendwert von

$$K_{20} = 100.000\,€ \cdot 1,04^{20} + 5.000\,€ \cdot 1,04 \cdot \frac{1,04^{20} - 1}{1,04 - 1} = 373.958,32\,€.$$

4.) Mit $q = 1,07$, $n_S = 30$, $n_E = 15$, $n_G = n_S + n_E = 45$, $K_0 = 20.000\,€$ ergibt sich eine Ratenhöhe von

$$r = K_0 q^{n_G} \cdot \frac{q - 1}{q^{n_E} - 1} = 20.000\,€ \cdot 1,07^{45} \cdot \frac{0,07}{1,07^{15} - 1} = 16.715,69\,€.$$

5.) a) Für die Einzahlungsphase mit $n = 30$, $q = 1,07$ und $r = 200\,€$ ergibt sich ein Rentenendwert von:

$$R_{30} = 200\,€ \cdot 1,07 \cdot \frac{1,07^{30} - 1}{1,07 - 1} = 20.214,61\,€.$$

Für die Auszahlungsphase mit $n = 15$, $q = 1,07$ und r (in $€$) ergibt sich ein Endwert:

$$R_{15} = r \cdot 1,07 \cdot \frac{1,07^{15} - 1}{1,07 - 1} = 26,88805355 \cdot r.$$

Dem entspricht ein Rentenbarwert von

$$R_0 = \frac{R_{15}}{1,07^{15}} = 9,745467985 \cdot r.$$

Gleichsetzen, d.h. $R_{30} = R_0$, ergibt eine Höhe der Rentenzahlung r von $2.074,26\,€$.

b) Die Einzahlungsphase ist identisch und ergibt wie unter a) einen Rentenendwert von $20.214,61\,€$.

Legt man für die Auszahlungsphase $n = 30$ und $q = 1,07$ zugrunde, so ergibt sich ein Rentenbarwert von

$$R_0 = \frac{1}{1,07^{30}} \cdot r \cdot 1,07 \cdot \frac{1,07^{30} - 1}{1,07 - 1} = 13,27767407 \cdot r.$$

Gleichsetzen, d.h. $R_{30} = R_0$, liefert eine Rentenzahlung von $1.522,45\,€$.
Diesen Betrag erhält man direkt, wenn man $200\,€$ zu 7% auf 30 Jahre anlegt:

$$K_{30} = 200\ \text{\euro} \cdot 1,07^{30} = 1.522,45\ \text{\euro}.$$

Die Abbildung 4.9 verdeutlicht den Zusammenhang zwischen den jeweiligen Einzahlungen von 200 € und den Auszahlungen der korrespondierenden Endkapitalsummen K_{30}.

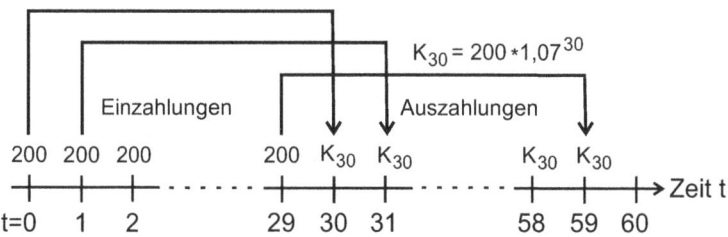

Abb. 4.9. Einzahlungen und korrespondierende Auszahlungen

Unterjährige Zins-/Rentenzahlungen

1.) a) Bei jährlicher Verzinsung mit $n = 20$, $r = 120\ \text{\euro}$ und $q = 1,06$ ergibt sich ein Rentenendwert von

$$120\ \text{\euro} \cdot \frac{1,06^{20} - 1}{1,06 - 1} = 4.414,27\ \text{\euro}.$$

b) Mit $r = 10\ \text{\euro}$, $i = 0,06$, $m = 12$, $n = 20$ ergibt sich eine Ersatzrente von

$$r_E = r\left(m + \frac{m-1}{2} \cdot i\right) = 10\ \text{\euro}\left(12 + \frac{11}{2} \cdot 0,06\right) = 123,30\ \text{\euro}.$$

Der Rentenendwert beträgt dann

$$123,30\ \text{\euro} \cdot \frac{1,06^{20} - 1}{1,06 - 1} = 4.535,66\ \text{\euro}.$$

c) Bei der ICMA-Methode berechnet sich der anzuwendende Periodenzinssatz zu

$$i_p = (1 + i)^{1/m} - 1 = 1,06^{1/12} - 1 \approx 0,00486755.$$

Mit $r = 10\ \text{\euro}$, $m = 12$, $n = 20$ beträgt der Rentenendwert dann

$$10\ \text{\euro} \cdot \frac{1,00486755^{240} - 1}{0,00486755} = 4.534,39\ \text{\euro}.$$

d) Bei der US-Methode berechnet sich der anzuwendende Periodenzinssatz zu

$$i_p = \frac{i}{m} = \frac{0,06}{12} = 0,005.$$

Mit $r = 10\,€$, $m = 12$, $n = 20$ beträgt der Rentenendwert dann

$$10\,€ \cdot \frac{1,005^{240} - 1}{1,005 - 1} = 4.620,41\,€.$$

e) Der Rentenendwert ist am kleinsten bei jährlicher Einzahlung und jährlicher Verzinsung. Er ist größer bei monatlicher Einzahlung und jährlicher Verzinsung, egal nach welcher Methode der Rentenendwert berechnet wurde. (Da hier nachschüssige Renten vorliegen, muss der Rentenendwert höher sein, wenn man jeden Monat einzahlt anstelle einer einzigen Einzahlung am Jahresende.)

Der Rentenendwert nach der Sparbuchmethode ist größer als bei Berechnung nach der ICMA-Methode. Dies liegt daran, dass lineare Verzinsung (Sparbuchmethode) unterjährig günstiger ist für den Sparer als exponentielle Verzinsung (ICMA-Methode).

Der Rentenendwert nach der US-Methode ist am größten. Dies liegt daran, dass hier der höchste monatliche Zinssatz angewendet wird.

2.) Aufzinsen aller 200 Euro-Zahlungen auf das Jahresende ergibt eine jährliche Ersatzrente (in $€$) von:

$$
\begin{aligned}
200 \cdot (1 + 1 \cdot 0,05/12) &+ 200 \cdot (1 + 3 \cdot 0,05/12) \\
+ \ldots + 200 \cdot (1 + 9 \cdot 0,05/12) &+ 200 \cdot (1 + 11 \cdot 0,05/12) \\
= 6 \cdot 200 + 200 \cdot 0,05/12 \cdot (1 &+ 3 + 5 + 7 + 9 + 11) \\
= 1.200 + 200 \cdot 0,05/12 \cdot 36 & \\
= 1.200 + 30 = 1.230. &
\end{aligned}
$$

Für eine Laufzeit von 24 Jahren bei einer jährlich nachschüssigen Ersatzrente von $r = 1.230\,€$ errechnet sich mit $q = 1,05$ ein Endkapital von:

$$R_{24} = 1.230\,€ \cdot \frac{1,05^{24} - 1}{1,05 - 1} = 54.737,46\,€.$$

3.) Die jährliche Ersatzrente r_E berechnet sich wie folgt: Zwei Zahlungen von r_E nach einem und nach zwei Jahren müssen einer Zahlung von $1.000\,€$ nach zwei Jahren äquivalent sein (bei 4% p.a.). Die zugehörige Gleichung lautet:

$$r_E \cdot 1,04 + r_E = 1.000\,€.$$

Die jährliche Ersatzrente beträgt also

$$r_E = \frac{1.000\,€}{2,04} = 490,20\,€.$$

Man könnte hier auch die Formel für die konforme Ersatzrente (nachschüssige Rente, unterjährige Zinsperiode) benutzen:

$$r_E = r \cdot \frac{q_p - 1}{q_p^m - 1} = 1.000 \, \text{€} \cdot \frac{1,04 - 1}{1,04^2 - 1} = 490,20 \, \text{€}.$$

Der Rentenendwert berechnet sich damit zu

$$R_{10} = r_E \cdot \frac{1,04^{10} - 1}{1,04 - 1} = 5.885,39 \, \text{€}.$$

4.10 Klausur

Aufgabe 1: (2 Punkte)
Sie zahlen 20 Jahre lang jeweils am Ende des Jahres 1.000 € auf ein Sparkonto mit 3% p.a. ein.
Über wie viel Geld können Sie nach Ablauf der 20 Jahre verfügen?

Aufgabe 2: (3 Punkte)
Sie wollen nach 25 Jahren über ein Vermögen von 250.000 € verfügen. Dazu zahlen Sie jeweils zu Beginn des Jahres einen festen Betrag ein. Ihnen wird 4% p.a. Verzinsung über die gesamte Laufzeit garantiert.
Welchen Betrag müssen Sie jährlich einzahlen?

Aufgabe 3: (3 Punkte)
Sie zahlen nachschüssig jedes Jahr 2.000 € auf ein Sparkonto ein. Das Sparkonto wird verzinst mit 8% p.a.
Wann sind Sie Millionär?

Aufgabe 4: (3 Punkte)
Nach welcher Größe (Rentenbarwert, Laufzeit,...) kann die Rentenformel im Allgemeinen *nicht* explizit aufgelöst werden?
Wie verschafft man sich Abhilfe?

Aufgabe 5: (3 Punkte)
Eine Stiftung zahlt ab 1.1.2011 jährlich 10.000 € auf ewige Zeit (ewige Rente) aus. Der Zinssatz sei 3,5% p.a.
Welches Stiftungskapital muss dafür am 1.1.2010 vorhanden sein?

Aufgabe 6: (3 Punkte)
Ein Anfangskapital von 100.000 € wird auf ein Konto mit 7% p.a. Verzinsung eingezahlt. Dann wird 10 Jahre lang jährlich nachschüssig eine Rente von 10.000 € entnommen.
Wie viel Kapital verbleibt nach 10 Jahren auf dem Konto?

Aufgabe 7: (7 Punkte)
Sie bauen Ihre Altersversorgung wie folgt auf: Sie zahlen 30 Jahre lang monatlich nachschüssig einen festen Betrag r auf Ihr Konto ein, um dann anschließend 20 Jahre lang monatlich nachschüssig eine Rente von 1.500 € erhalten zu können. Der Zinssatz sei 0,5% pro Monat. Die Verzinsung erfolgt monatlich.
Berechnen Sie zunächst den Rentenendwert der Ansparphase (in Abhängigkeit von r).
Bestimmen Sie nun den Rentenbarwert der Auszahlungsphase.
Welchen Betrag r müssen Sie also monatlich einzahlen, um obige Form der Altersvorsorge zu realisieren?

Aufgabe 8: (4 Punkte)
Wozu dienen Sparbuchmethode, ICMA-Methode und US-Methode und wie unterscheiden sie sich?

Aufgabe 9: (9 Punkte)
Auf ein Sparbuch mit 5% p.a. Verzinsung werden monatlich nachschüssig 100 € eingezahlt, insgesamt 10 Jahre lang.
Berechnen Sie den Rentenendwert
– nach der Sparkassenmethode
– nach der ICMA-Methode
– nach der US-Methode

Aufgabe 10: (4 Punkte)
Auf ein Sparbuch mit jährlicher Verzinsung von 6% werden, beginnend mit Ende März, vierteljährlich jeweils 2.000 € eingezahlt.
Berechnen Sie die jährliche nachschüssige Ersatzrente nach der Sparbuchmethode.

4.11 Lösungen zur Klausur

Aufgabe 1: (2 Punkte)
Einsetzen in die Rentenformel liefert:

$$1.000 \, € \cdot \frac{1,03^{20} - 1}{1,03 - 1} \approx 26.870,37 \, €.$$

Aufgabe 2: (3 Punkte)
Einsetzen in die Rentenformel liefert:

$$250.000 \, € = r \cdot 1,04 \cdot \frac{1,04^{25} - 1}{1,04 - 1}.$$

Jetzt muss noch nach r aufgelöst werden:

$$r = 250.000 \, € \cdot \frac{0,04}{1,04 \cdot (1,04^{25} - 1)} = 5.772,11 \, €.$$

Aufgabe 3: (3 Punkte)
Einsetzen in die Rentenformel liefert:

$$1.000.000 \, € = 2.000 \, € \cdot \frac{1,08^n - 1}{1,08 - 1}.$$

Jetzt muss noch nach n aufgelöst werden:

$$1,08^n = \frac{1.000.000}{2.000} \cdot 0,08 + 1 = 41$$

bzw.

$$n = \frac{\ln 41}{\ln 1,08} \approx 48,25.$$

Aufgabe 4: (3 Punkte)
Die Rentenformel kann im Allgemeinen *nicht* nach dem Zinssatz i bzw. nach dem Zinsfaktor $q := 1 + i$ explizit aufgelöst werden.
Man wendet dann ein numerisches Lösungsverfahren an (z.B. Newton-Verfahren, Sekanten-Verfahren etc.).

Aufgabe 5: (3 Punkte)
Für das Stiftungskapital K am 1.1.2010 gilt:

$$K \cdot 0,035 = 10.000 \text{ €}.$$

Damit muss das Stiftungskapital $285.714,29$ € betragen.

Aufgabe 6: (3 Punkte)
Einsetzen in die Sparbuchformel liefert:

$$100.000 \text{ €} \cdot 1,07^{10} - 10.000 \text{ €} \cdot \frac{1,07^{10} - 1}{1,07 - 1} = 58.550,66 \text{ €}.$$

Aufgabe 7: (7 Punkte)
Der Rentenendwert der Ansparphase beträgt:

$$r \cdot \frac{1,005^{12 \cdot 30} - 1}{1,005 - 1} = 1004,515042 \cdot r.$$

Der Rentenbarwert der Auszahlungsphase berechnet sich zu:

$$1.500 \text{ €} \cdot \frac{1,005^{12 \cdot 20} - 1}{1,005 - 1} \cdot \frac{1}{1,005^{12 \cdot 20}} = 209.371,16 \text{ €}.$$

Gleichsetzen liefert $r = 208,43$ € für die monatliche Rentenzahlung.

Aufgabe 8: (4 Punkte)
Die Sparbuchmethode, die ICMA-Methode und die US-Methode dienen zur Berechnung von Renten bei unterjährigen Rentenzahlungen und jährlicher Verzinsung.
Bei der Sparbuchmethode werden die unterjährigen Rentenzahlungen linear verzinst, bei den beiden anderen Methoden exponentiell. Die ICMA-Methode und die US-Methode unterscheiden sich beim zugrunde gelegten Periodenzinssatz.

Aufgabe 9: (9 Punkte)
Bei der <u>Sparbuchmethode</u> ergibt sich für die Ersatzrente:

$$r_E = r\left(m + \frac{m-1}{2}\cdot i\right) = 100\,€\left(12 + \frac{11}{2}\cdot 0,05\right) = 1.227,50\,€$$

und für den Rentenendwert:

$$1.227,50\,€ \cdot \frac{1,05^{10}-1}{1,05-1} = 15.439,36\,€.$$

Bei der <u>ICMA-Methode</u> ergibt sich für den Periodenzinssatz:

$$i_p = (1+i)^{1/m} - 1 = 1,05^{1/12} - 1 \approx 0,004074124$$

und für den Rentenendwert:

$$100\,€ \cdot \frac{1,004074124^{120}-1}{0,004074124} = 15.436,32\,€.$$

Bei der <u>US-Methode</u> ergibt sich für den Periodenzinssatz:

$$i_p = \frac{i}{m} = \frac{0,05}{12} = 0,00416666667$$

und für den Rentenendwert:

$$100\,€ \cdot \frac{1,00416666667^{120}-1}{0,00416666667} = 15.528,23\,€.$$

Aufgabe 10: (4 Punkte)
Es erfolgen Einzahlungen jeweils zum Quartalsende (Ende März, Ende Juni, Ende September und Ende Dezember). Aufzinsen (lineare Verzinsung) auf das Jahresende ergibt (in €):

$$2.000\cdot(1+\tfrac{3}{4}\cdot 0,06) + 2.000\cdot(1+\tfrac{2}{4}\cdot 0,06) + 2.000\cdot(1+\tfrac{1}{4}\cdot 0,06) + 2.000$$
$$= 4\cdot 2.000 + 2.000\cdot\tfrac{1}{4}\cdot 0,06\cdot(3+2+1)$$
$$= 8.000 + 180 = 8.180.$$

Kapitel 5
Tilgungsrechnung

Die Tilgungsrechnung, auch als Kreditrechnung bezeichnet, befasst sich mit der Rückzahlung von Darlehen, Krediten, Hypotheken, Anleihen, usw. Sie ist in gewisser Weise eine Spezialisierung der Zinseszins- und Rentenrechnung.

Es gibt verschiedene Tilgungsarten, deren Gleichungen wir jetzt entwickeln werden. Dazu benötigen wir noch einige Grundbegriffe:

- Die Tilgung oder Tilgungsrate T_t ist der Betrag, der am Ende eines Zeitabschnitts t zum Abtragen der Anfangsschuld R_0 gezahlt wird.   Tilgung

- Als Restschuld R_t wird die Schuld nach einer bestimmten Zeit t bezeichnet, nachdem bereits ein Teil der Schuld getilgt wurde.   Restschuld

- Als Annuität A_t bezeichnet man den gesamten Betrag, den der Schuldner am Ende des Zeitabschnitts t bezahlt. Die Annuität ist die Summe aus Tilgung T_t und Zinsen Z_t: Annuität

$$A_t = T_t + Z_t.$$

- Ein Tilgungsplan ist eine Übersicht über sämtliche Zahlungen zur Tilgung einer Schuld. Angegeben werden dort für die einzelnen Jahre die Zinsen, die Tilgungsraten, die Annuitäten und die Restschulden.   Tilgungsplan

Der Fall einer Zinsschuld, bei der nur die jährlichen Zinsen zu entrichten sind und am Ende der Laufzeit die Schuld in einem Betrag zu tilgen ist („Versicherungshypothek"), lässt sich bereits mit der Zinseszinsrechnung lösen. Dieser wird nicht weiter betrachtet. Gegenstand dieses Abschnitts sind daher nur die beiden Tilgungsarten **Ratentilgung** und **Annuitätentilgung**. Hierbei gehen wir immer von **nachschüssigen Zinsen** aus.

5.1 Ratentilgung

Von Ratentilgung spricht man, wenn die Tilgungsraten während der gesamten Laufzeit gleich hoch, die Annuitäten dagegen verschieden sind. Aus Sicht des Schuldners bedeutet dies, dass er zu Beginn höhere Beträge zurückzahlt, später geringere.

Gehen wir von einer anfänglichen Gesamtschuld R_0 und einer Laufzeit von n Jahren aus, so gilt für die konstanten jährlichen Tilgungsraten

$$T = \frac{R_0}{n}.$$

Somit beträgt die Restschuld R_1 am Ende des ersten Jahres

Herleitung der
Formeln für die
Ratentilgung

$$R_1 = R_0 - T = R_0 - \frac{R_0}{n} = R_0 \cdot \left(1 - \frac{1}{n}\right).$$

Für die Restschuld R_2 am Ende des zweiten Jahres erhält man

$$R_2 = R_0 - 2T = R_0 - 2\frac{R_0}{n} = R_0 \cdot \left(1 - \frac{2}{n}\right).$$

Allgemein ergibt sich also für die Restschuld nach t Jahren

$$R_t = R_0 - tT = R_0 \cdot \left(1 - \frac{t}{n}\right).$$

Setzt man in obiger Gleichung $t = n$, so erhält man natürlich $R_n = 0$.

Die Zinsen Z_t zum Zinssatz i lassen sich leicht aus den jeweiligen Restschulden vom Vorjahr R_{t-1} berechnen:

$$Z_t = R_{t-1} \cdot i = R_0 \cdot \left(1 - \frac{t-1}{n}\right) \cdot i, \quad t = 1, \ldots, n.$$

Diese Ergebnisse fassen wir zusammen:

Ratentilgung

Bei einer Ratentilgung, bei der die Gesamtschuld R_0 nach n Jahren getilgt sein soll, ist der Tilgungsanteil konstant. Es gilt jeweils am Ende des t-ten Jahres ($t = 1, \ldots, n$) bei einer Verzinsung von i:

Tilgungsrate: $\quad T_t = T = \dfrac{R_0}{n},$

Restschuld: $\quad R_t = R_0 - t \cdot T = R_0 \cdot \left(1 - \dfrac{t}{n}\right),$

Zins: $\quad Z_t = R_{t-1} \cdot i = R_0 \cdot \left(1 - \dfrac{t-1}{n}\right) i,$

Annuität: $\quad A_t = T + Z_t = R_0 \cdot \left[\dfrac{1}{n} + \left(1 - \dfrac{t-1}{n}\right) i\right].$

Beispiel 5.1

Wir betrachten einen Ratenkredit über 5.000 € zu 10% Zinsen, der in 5 Jahren getilgt sein soll.

Die konstante jährliche Tilgung beträgt dann $T = 5.000\,€/5 = 1.000\,€$ und wir erhalten folgenden Tilgungsplan:

Jahr t	Restschuld R_t	Zins Z_t	Tilgung T_t	Annuität A_t
0	5.000 €			
1	4.000 €	500 €	1.000 €	1.500 €
2	3.000 €	400 €	1.000 €	1.400 €
3	2.000 €	300 €	1.000 €	1.300 €
4	1.000 €	200 €	1.000 €	1.200 €
5	0 €	100 €	1.000 €	1.100 €

Übung 5.1

Erstellen Sie den Tilgungsplan für einen Ratenkredit über 10.000 € zu 15% Zinsen, der in 6 Jahren getilgt sein soll.

Lösung 5.1

Die konstante Tilgung beträgt $T = 10.000\,€/6 = 1.666,67\,€$ und wir erhalten folgenden Tilgungsplan:

Jahr t	Restschuld R_t	Zins Z_t	Tilgung T_t	Annuität A_t
0	10.000,00 €			
1	8.333,33 €	1.500 €	1.666,67 €	3.166,67 €
2	6.666,67 €	1.250 €	1.666,67 €	2.916,67 €
3	5.000,00 €	1.000 €	1.666,67 €	2.666,67 €
4	3.333,33 €	750 €	1.666,67 €	2.416,67 €
5	1.666,67 €	500 €	1.666,67 €	2.166,67 €
6	0,00 €	250 €	1.666,67 €	1.916,67 €

Abb. 5.1 und Abb. 5.2 zeigen den typischen Verlauf einer Ratentilgung: Die zu zahlenden Annuitäten sind zu Beginn hoch und nehmen linear ab. Dies liegt am anfänglich hohen Zinsanteil, während der Tilgungsanteil ja konstant ist. Die Restschuld nimmt ebenfalls linear ab von der Anfangsschuld bis auf 0 €.

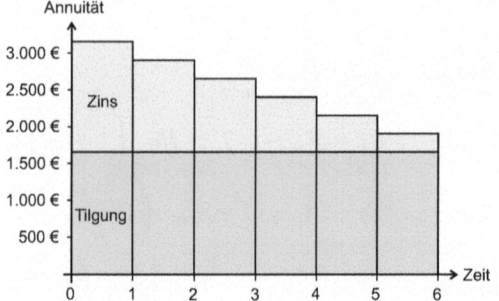

Abb. 5.1. Ratentilgung: Zinsanteil und Tilgungsanteil

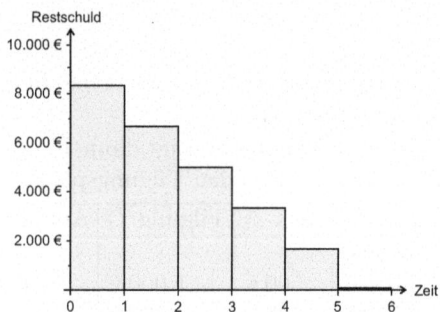

Abb. 5.2. Ratentilgung: Restschuld

5.2 Annuitätentilgung

*Die so genannte Annuitätentilgung ist weit verbreitet. Von An-
nuitätentilgung spricht man, wenn die Annuitäten während der
gesamten Laufzeit gleich sind. Für den Schuldner hat dies den
Vorteil, dass seine Belastung über die gesamte Laufzeit konstant und damit besser kalkulierbar ist. Natürlich wächst bei
konstanter Annuität der Tilgungsanteil, während der Zinsanteil
sinkt; für den Schuldner bleibt jedoch nur die konstante Belastung sichtbar.*

Wir gehen von einer Darlehenssumme R_0 (Anfangsschuld)
und n nachschüssig gezahlten konstanten Annuitäten A aus:

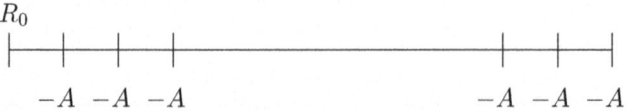

Aufzinsen aller Zahlungen (nach dem Äquivalenzprinzip) auf
den Zeitpunkt t ergibt eine Restschuld R_t von

$$R_t = R_0 \cdot q^t - A \cdot \left(q^{t-1} + q^{t-2} + \ldots + q + 1\right) = R_0 \cdot q^t - A\frac{q^t - 1}{q - 1}.$$

Dieser Ausdruck ähnelt der Sparkassenformel von S.77.
Da die Restschuld zum Zeitpunkt n vollständig abgebaut sein soll (d.h. $R_n = 0$), gilt insbesondere

$$0 = R_n = R_0 \cdot q^n - A\frac{q^n - 1}{q - 1}.$$

Aus dieser Gleichung lässt sich wiederum die Annuität berechnen:

$$A = R_0 \cdot q^n \cdot \frac{q - 1}{q^n - 1}.$$

> Die Grundformel für die Annuitätentilgung lautet (analog zur Rentenrechnung):
>
> $$R_0 \cdot q^n = A \cdot \frac{q^n - 1}{q - 1}$$
>
> (Anfangsschuld R_0, konstante Annuität A, Laufzeit n, Zinsfaktor $q = 1 + i$).

Annuitäten-
tilgung

Sind drei der obigen Größen (R_0, A, n bzw. q) gegeben, so kann die vierte errechnet werden. Wie im Falle der Rentenrechnung ist zur Berechnung von q meist ein numerisches Verfahren (Newton–Verfahren, Sekanten–Verfahren, siehe S. 182 ff) erforderlich.

Übung 5.2

Für einen Hauskauf wird ein Kredit von 200.000 € aufgenommen. Bei jährlicher Verzinsung mit 5% ist eine Laufzeit von 20 Jahren vereinbart. Wie hoch sind die jährlich zu leistenden Zahlungen?

Lösung 5.2

Die jährlichen Zahlungen A berechnen sich zu

$$A = R_0 \cdot q^n \cdot \tfrac{q-1}{q^n-1} = 200.000 \text{ €} \cdot 1{,}05^{20} \cdot \tfrac{1{,}05-1}{1{,}05^{20}-1}$$
$$= 16.048{,}52 \text{ €}. \qquad\qquad \square$$

Übung 5.3

Ein Kredit über 10.000 € werde bei einem Zinssatz von 6% mit jährlichen Zahlungen von 2.000 € zurückbezahlt. Wie lange muss der Kredit bedient werden?

Lösung 5.3

Die Annuitätenformel wurde bereits auf S. 70 nach n aufgelöst:

$$n = -\frac{\ln\left(1 - \frac{R_0}{A}i\right)}{\ln(1+i)} = -\frac{\ln\left(1 - \frac{10.000}{2.000} \cdot 0,06\right)}{\ln(1,06)} \approx 6,12.$$

$\square$

Übung 5.4

Eine Bankkundin ist bereit, für 5 Jahre jährlich 3.000 € aufzubringen, um eine Annuitätenschuld abzutragen. Als Zinssatz wird ihr 4% gewährt. Welche Darlehenshöhe kann vereinbart werden?

Lösung 5.4

Die Anfangsschuld R_0 (Darlehenssumme) berechnet sich zu

$$R_0 = \frac{A}{q^n} \cdot \frac{q^n - 1}{q - 1} = \frac{3.000\ €}{1,04^5} \cdot \frac{1,04^5 - 1}{1,04 - 1} = 13.355,47\ €.$$

$\square$

Beispiel 5.2

Eine Familie will zur Finanzierung eines Hauskaufs ein Darlehen über 170.000 € aufnehmen. Die Familie kann sich maximal eine monatliche finanzielle Belastung von 1.300 € über 20 Jahre leisten. Bei welchem (monatlichen) Zinssatz ist der Hauskauf für die Familie finanzierbar?

Multiplikation der Formel

$$R_0 \cdot q^n = A \cdot \frac{q^n - 1}{q - 1}$$

mit $q - 1$ liefert

$$R_0 \cdot q^{n+1} - (R_0 + A) \cdot q^n + A = 0.$$

Mit $R_0 = 170.000\ €$, $A = 1.300\ €$ und $n = 20 \cdot 12 = 240$ ergibt sich die Polynomgleichung

$$170.000 \cdot q^{241} - 171.300 \cdot q^{240} + 1.300 = 0.$$

Diese Gleichung lässt sich nur näherungsweise lösen (z.B. mit Hilfe des Newtonverfahrens). Es ergibt sich $q \approx 1,005686$. Der monatliche Zins dürfte also höchstens $0,5686\%$ betragen. $\square$

Rekursions-
formeln für
Annuitäten-
tilgung

Auch bei der Annuitätentilgung berechnen sich die Zinsen Z_t aus der Restschuld des Vorjahres

$$Z_t = R_{t-1} \cdot i$$

und die neue Restschuld R_t nach Abzug des Tilgungsanteil von
der alten Restschuld

$$R_t = R_{t-1} - T_t.$$

Mit diesen beiden Rekursionsformeln lässt sich bereits sukzessive ein vollständiger Tilgungsplan mit Ausweisung sämtlicher Annuitäten, Zinsen, Tilgungen und Restschulden aufstellen.

Beispiel 5.3
Eine Schuld von 5.000 € soll in 5 Jahren bei einem Zinssatz von
10% getilgt werden. Stellen Sie den dazugehörigen Tilgungsplan
auf.
Mit $R_0 = 5.000$ €, $n = 5$ und $q = 1,1$ ergibt sich zunächst die
Annuität zu

$$A = R_0 \cdot q^n \cdot \frac{q-1}{q^n - 1} = 5.000 \text{ €} \cdot 1,1^5 \cdot \frac{1,1-1}{1,1^5 - 1} = 1.318,99 \text{ €}.$$

Für das erste Jahr berechnen sich die Zinsen, Tilgung und die
Restschuld wie folgt:

$$\begin{aligned}
Z_1 &= R_0 \cdot i = 5.000 \text{ €} \cdot 0,1 = 500 \text{ €}, \\
T_1 &= A - Z_1 = 1.318,99 \text{ €} - 500 \text{ €} = 818,99 \text{ €}, \\
R_1 &= R_0 - T_1 = 5.000 \text{ €} - 818,99 \text{ €} = 4.181,01 \text{ €}.
\end{aligned}$$

Für das zweite Jahr kann man obige Werte unmittelbar benutzen:

$$\begin{aligned}
Z_2 &= R_1 \cdot i = 4181,01 \text{ €} \cdot 0,1 = 418,10 \text{ €}, \\
T_2 &= A - Z_2 = 1318,99 \text{ €} - 418,10 \text{ €} = 900,89 \text{ €}, \\
R_2 &= R_1 - T_2 = 4.181,01 \text{ €} - 900,89 \text{ €} = 3.280,12 \text{ €}.
\end{aligned}$$

Dieses Prinzip eignet sich besonders zur Erstellung eines Tilgungsplans mittels eines Worksheets (z.B. Excel, Lotus 1-2-3, StarOffice). Der vollständige Tilgungsplan hat dann folgendes Aussehen:

Jahr t	Restschuld R_t	Zins Z_t	Tilgung T_t	Annuität A_t
0	5.000,00 €			
1	4.181,01 €	500,00 €	818,99 €	1.318,99 €
2	3.280,12 €	418,10 €	900,89 €	1.318,99 €
3	2.289,14 €	328,01 €	990,98 €	1.318,99 €
4	1.199,06 €	228,91 €	1.090,08 €	1.318,99 €
5	0,00 €	119,91 €	1.199,06 €	1.318,97 €

Aufgrund der Rundungen ergibt sich im 6.Jahr eine um $0,02$ €
niedrigere Annuität als in den Vorjahren. Dadurch wird sichergestellt, dass die Restschuld genau 0 € beträgt. □

Übung 5.5
Erstellen Sie den Tilgungsplan für einen Annuitätenkredit über
10.000 € zu 15% Zinsen, der in 6 Jahren getilgt sein soll.

Lösung 5.5
Die konstante Annuität beträgt $A = 2.642{,}37$ € und wir erhalten folgenden Tilgungsplan:

Jahr t	Restschuld R_t	Zins Z_t	Tilgung T_t	Annuität A_t
0	10.000,00 €			
1	8.857,63 €	1.500,00 €	1.142,37 €	2.642,37 €
2	7.543,91 €	1.328,64 €	1.313,72 €	2.642,37 €
3	6.033,12 €	1.131,59 €	1.510,78 €	2.642,37 €
4	4.295,72 €	904,97 €	1.737,40 €	2.642,37 €
5	2.297,71 €	644,36 €	1.998,01 €	2.642,37 €
6	0,00 €	344,66 €	2.297,71 €	2.642,37 €

Abb. 5.3 und Abb. 5.4 zeigen den typischen Verlauf einer Annuitätentilgung: Die zu zahlenden Annuitäten sind konstant, wobei zu Beginn der Zinsanteil hoch und der Tilgungsanteil gering ist. Das Verhältnis von Zins- und Tilgungsanteil verschiebt sich im Laufe der Zeit hin zu immer höheren Tilgungsanteilen. Die Restschuld nimmt ebenfalls anfangs geringer und dann stärker ab.

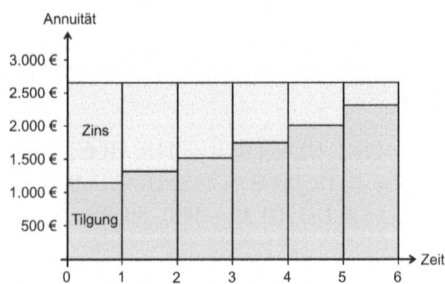

Abb. 5.3. Annuitätentilgung: Zinsanteil und Tilgungsanteil

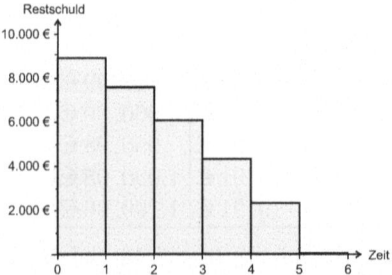

Abb. 5.4. Annuitätentilgung: Restschuld

Auch bei der Annuitätentilgung ist es möglich, Formeln für die direkte Berechnung der Größen Zins, Tilgung und Restschuld aufzustellen. Zunächst soll bei gegebener Darlehenssumme R_0, Laufzeit n und Verzinsung i (bzw. Zinsfaktor $q = 1 + i$) die konstante Annuität berechnet werden:

$$A = R_0 \cdot q^n \cdot \frac{q-1}{q^n - 1}.$$

Die Restschuld nach dem t-ten Jahr ist dann (vgl. S. 112):

$$R_t = R_0 \cdot q^t - A \frac{q^t - 1}{q - 1}$$

bzw. nach Einsetzen des obigen Ausdrucks für A:

$$R_t = R_0 \cdot \frac{q^n - q^t}{q^n - 1}.$$

Für den Zinsanteil an der Annuität erhält man:

$$Z_t = R_{t-1} \cdot i = R_0 \cdot \frac{q^n - q^{t-1}}{q^n - 1} \cdot i$$

und für die Tilgung:

$$T_t = A - Z_t = R_0 \cdot \frac{q-1}{q^n - 1} \cdot q^{t-1}$$

bzw. mit $T_1 = R_0 \cdot \frac{q-1}{q^n-1}$ auch $T_t = T_1 \cdot q^{t-1}$. Die erste Tilgung ist dabei einfacher mit $T_1 = A - R_0 \cdot i$ zu berechnen.

Bei einer Annuitätentilgung, bei der die Gesamtschuld R_0 nach n Jahren getilgt sein soll, ist die Annuität konstant. Es gilt jeweils am Ende des t-ten Jahres ($t = 1, \ldots, n$) bei einer Verzinsung von i (mit $q = 1 + i$):

Annuität:

$$A_t = A = R_0 \cdot q^n \cdot \frac{q-1}{q^n - 1},$$

Restschuld:

$$R_t = R_0 q^t - A \frac{q^t - 1}{q - 1} = R_0 \cdot \frac{q^n - q^t}{q^n - 1},$$

Zinsanteil:

$$Z_t = R_{t-1} \cdot i = R_0 \cdot \frac{q^n - q^{t-1}}{q^n - 1} \cdot i,$$

Tilgungsanteil:

$$T_t = A - Z_t = R_0 \cdot \frac{q-1}{q^n - 1} \cdot q^{t-1},$$

bzw.:

$$T_t = T_1 \cdot q^{t-1} \quad \text{mit } T_1 = A - R_0 \cdot i.$$

Annuitäten-
tilgung

Übung 5.6

Bei einer Annuitätentilgung soll eine Darlehensschuld in Höhe von 100.000 € bei 4% p.a. in 10 Jahren zurückgezahlt sein. Wie lauten Tilgung, Zins und Annuität im 7.Jahr? Wie hoch ist die Restschuld nach dem 7.Jahr?

Lösung 5.6

Mit $R_0 = 100.000$ €, $n = 10$ und $q = 1,04$ gilt:

$$A_7 = A = R_0 q^n \frac{q-1}{q^n-1} = 100.000 \text{ €} \cdot 1,04^{10} \cdot \frac{1,04-1}{1,04^{10}-1}$$
$$= 12.329,09 \text{ €},$$
$$R_7 = R_0 \frac{q^n-q^7}{q^n-1} = 100.000 \text{ €} \cdot \frac{1,04^{10}-1,04^7}{1,04^{10}-1} = 34.214,36 \text{ €},$$
$$Z_7 = R_0 \frac{q^n-q^6}{q^n-1} i = 100.000 \text{ €} \cdot \frac{1,04^{10}-1,04^6}{1,04^{10}-1} \cdot 0,04 = 1.790,13 \text{ €},$$
$$T_7 = R_0 \frac{q-1}{q^n-1} q^6 = 100.000 \text{ €} \cdot \frac{0,04}{1,04^{10}-1} \cdot 1,04^6 = 10.538,96 \text{ €}.$$

Die Tilgung im 7.Jahr lässt sich auch berechnen mit

$$T_1 = A - R_0 \cdot i = 12.329,09 \text{ €} - 100.000 \text{ €} \cdot 1,04$$
$$= 8.329,09 \text{ €},$$
$$T_7 = T_1 \cdot q^6 = 8.329,09 \text{ €} \cdot 1,04^6 = 10.538,96 \text{ €}. \qquad \square$$

5.3 Spezialfälle

Im Folgenden wollen wir noch einige Spezialfälle bei Vorliegen einer Annuitätentilgung diskutieren. Zunächst wird besprochen, was eine nicht-ganzzahlige Laufzeit eines Annuitätendarlehens bedeutet. Schließlich soll der Begriff Disagio erläutert werden. Wir diskutieren danach die Aufstellung eines Tilgungsplans bei Angabe des Tilgungssatzes und beprechen ein Beispiel für unterjährige Annuitätentilgung.

Beispiel für
nicht–
ganzzahlige
Laufzeiten

In Übung 5.3 wurde für eine Annuitätentilgung (mit Darlehenssumme $R_0 = 10.000$ €, Annuitäten von $A = 2.000$ € und einem Zinssatz $i = 6\%$) eine Laufzeit von ca. 6,12 Jahren berechnet. Hier ist ohne zusätzliche Vereinbarung nicht klar, wie der Tilgungsplan im 6. bzw. 7.Jahr aussehen soll.

Zunächst kann die Restschuld nach dem 6.Jahr mit der bekannten Formel (vgl. S. 117) berechnet werden:

$$R_6 = R_0 q^6 - A \frac{q^6-1}{q-1} = 10.000 \text{ €} \cdot 1,06^6 - 2.000 \text{ €} \cdot \frac{1,06^6-1}{1,06-1}$$
$$= 234,55 \text{ €}.$$

Sonderzahlung

Die erste Alternative zur Rückzahlung dieser Restschuld ist, dass am Ende des 6.Jahres zusätzlich zur Annuität von 2.000 €

eine einmalige Sonderzahlung in Höhe von $234,55$ € geleistet wird.

Die zweite Alternative ist, am Ende des 6.Jahres wie gewohnt nur die Annuität von 2.000 € zu zahlen und am Ende des 7.Jahres eine Ausgleichszahlung von $R_6 \cdot q = 234,55$ € $\cdot 1,06 = 248,63$ € zu leisten.

Ausgleichs-zahlung

Bei nicht–ganzzahligen Laufzeiten von Annuitätentilgungen wähle man die nächstkleinere natürliche Zahl n und berechne die zugehörige Restschuld R_n.
Diese Restschuld R_n kann als einmalige Sonderzahlung am Ende des n–ten Jahres beglichen werden.
Alternativ kann eine Ausgleichszahlung in Höhe von $R_n \cdot q$ am Ende des $(n+1)$–ten Jahres geleistet werden.

nicht–ganzzahlige Laufzeit

Bei Annuitätendarlehen wird aus steuerlichen Gründen in gewissen Fällen ein so genanntes Disagio (auch Damnum oder Abgeld genannt) gewählt: Z.B. wird bei einem Disagio von $4,6\%$ das Darlehen nicht zu 100%, sondern nur zu $95,4\%$ ($=100\%-4,6\%$) ausbezahlt. Der Auszahlungsbetrag ist also kleiner als die Anfangsschuld. Es ist aber die gesamte Anfangsschuld (und nicht etwa nur der geringere Auszahlungsbetrag) zu tilgen.

Beispiel für Disagio

Übung 5.7
Ein Kreditnehmer benötigt 80.000 €. In welcher Höhe muss bei einem Disagio von $4,6\%$ der Kredit aufgenommen werden? Wie hoch ist die Annuität, wenn dieser Kredit bei 10% p.a. in 5 Jahren zurückgezahlt sein soll?

Lösung 5.7
Die Darlehenssumme R_0 beträgt bei einem Disagio von $4,6\%$ und einem benötigten Darlehen von 80.000 € (Auszahlungsbetrag):

$$R_0 = 80.000 \text{ €} \cdot \frac{100}{100 - 4,6} = 83.857,44 \text{ €},$$

denn $95,4\%$ von $83.857,44$ € sind gerade 80.000 €.
Die konstante Annuität beläuft sich dann auf

$$A = R_0 \cdot q^n \cdot \frac{q-1}{q^n - 1} = 83.857,44 \text{ €} \cdot 1,1^5 \cdot \frac{1,1-1}{1,1^5 - 1} = 22.121,38 \text{ €}.$$

□

Disagio,
Damnum

Ein Disagio d (auch Damnum oder Abgeld genannt) bedeutet, dass nicht 100% des Darlehensbetrages ausbezahlt
werden, sondern nur 100%-d. Es sind aber 100% der Darlehenssumme zurückzuzahlen.
Benötigt man eine Darlehenssumme DS, so ist eine Schuld
R_0 aufzunehmen von

$$R_0 = \frac{100}{100 - d} \cdot DS.$$

In der Praxis wird häufig nicht die Laufzeit eines Annuitätendarlehens angegeben, sondern der (anfängliche) Tilgungssatz i_T.

Beispiel 5.4

Ein Annuitätenkedit über 5.000 € wird bei 10% p.a. mit 15 %
(anfänglicher) Tilgung zurückgezahlt.
Der Zins im ersten Jahr beträgt dann

$$Z_1 = R_0 \cdot i = 5.000 \,\text{€} \cdot 0,1 = 500 \,\text{€}$$

und die Tilgung im ersten Jahr

Beispiel für
(anfänglichen)
Tilgungssatz

$$T_1 = R_0 \cdot i_T = 5.000 \,\text{€} \cdot 0,15 = 750 \,\text{€}.$$

Daraus ergibt sich die jährliche Annuität zu

$$A = A_1 = Z_1 + T_1 = 500 \,\text{€} + 750 \,\text{€} = 1.250 \,\text{€}.$$

Die Annuität bleibt auch in den folgenden Jahren konstant, allerdings werden die Tilgungsanteile steigen und die Zinsanteile
geringer werden.

Übung 5.8

Geben Sie den zu Beispiel 5.4 gehörigen Tilgungsplan an. Wie
hoch wäre eine mögliche Sonder- bzw. Ausgleichszahlung im
letzten Jahr?

Lösung 5.8

Die Laufzeit ergibt sich zu

$$n = -\frac{\ln\left(1 - \frac{5.000}{1.250} \cdot 0,1\right)}{\ln 1,1} \approx 5,36.$$

Der Tilgungsplan lautet:

Jahr t	Restschuld R_t	Zins Z_t	Tilgung T_t	Annuität A_t
0	$5.000,00\,€$			
1	$4.250,00\,€$	$500,00\,€$	$750,00\,€$	$1.250\,€$
2	$3.425,00\,€$	$425,00\,€$	$825,00\,€$	$1.250\,€$
3	$2.517,50\,€$	$342,50\,€$	$907,50\,€$	$1.250\,€$
4	$1.519,25\,€$	$251,75\,€$	$998,25\,€$	$1.250\,€$
5	$421,18\,€$	$151,93\,€$	$1.098,08\,€$	$1.250\,€$

Nach 5 Jahren beträgt die Restschuld also $421,18\,€$. Diese Restschuld kann durch eine einmalige Sonderzahlung am Ende des
5.Jahres abgetragen werden. Alternativ ist eine Ausgleichszahlung in Höhe von $421,18\,€ \cdot 1,1 = 463,30\,€$ Ende des 6.Jahres
zu leisten.   □

Ein Annuitätendarlehen R_0 werde bei einem Zinssatz i
(Zinsfaktor $q = 1 + i$) und einem anfänglichen Tilgungssatz i_T zurückgezahlt. Die Annuität ergibt sich dann zu

Angabe des
(anfänglichen)
Tilgungssatzes

$$A = R_0 \cdot (i + i_T).$$

Die Laufzeit berechnet sich durch Auflösen der Formel

$$R_0 \cdot q^n = A \cdot \frac{q^n - 1}{q - 1}$$

nach n:

$$n = -\frac{\ln\left(1 - \frac{R_0}{A} \cdot i\right)}{\ln q}.$$

Alternativ gilt mit $T_1 = A - R_0 \cdot i$ auch

$$n = -\frac{\ln\left(\frac{T_1}{A}\right)}{\ln q} = \frac{\ln\left(\frac{A}{T_1}\right)}{\ln q}.$$

In den vorangegangenen Abschnitten hatten wir Tilgungspläne mit jährlichen Annuitäten aufgestellt. In der Praxis ist jedoch häufig eine unterjährige Annuität (z.B. quartalsweise oder
monatlich) zu leisten. Dabei erfolgt die Zins- und Tilgungsverrechnung auch unterjährig. Hier müssen die bekannten Formeln
für die Annuitätentilgung nur geringfügig modifiziert werden.

unterjährige
Annuitäten

Bei m–maliger Zins- und Tilgungsverrechnung pro Jahr gelten die Formeln für Annuitätentilgung entsprechend, wenn man für

- i jetzt $\frac{i}{m}$,
- $q = 1 + i$ jetzt $q = 1 + \frac{i}{m}$,
- A jetzt $\frac{A}{m}$

setzt. Die Laufzeit n und der Index t beziehen sich dann aber auf $\frac{1}{m}$ Jahre und nicht mehr auf eine Periode von einem Jahr.

Beispiel 5.5

In Beispiel 5.3 hatten wir eine Annuitätentilgung von $5.000\,€$ in 5 Jahren bei 10% p.a. betrachtet. Die jährliche Annuität hatte sich zu $1.318,99\,€$ ergeben. Wir wollen nun *monatliche* Zahlungen berechnen.

Die monatliche Annuität $\tilde{A}$ beträgt

$$\tilde{A} = A/m = 1.318,99\,€/12 = 109,92\,€.$$

Die Laufzeit des Darlehens berechnet sich zu

$$n = -\frac{\ln\left(1 - \frac{R_0}{\tilde{A}} \cdot \frac{i}{m}\right)}{\ln\left(1 + \frac{i}{m}\right)} = -\frac{\ln\left(1 - \frac{5.000}{109,92} \cdot \frac{0,1}{12}\right)}{\ln\left(1 + \frac{0,1}{12}\right)} \approx 57,42.$$

Das heißt, der Kredit ist nach ca. 57 Monaten abbezahlt. Bei jährlicher Zahlung hatte die Laufzeit 5 Jahre (=60 Monate) betragen. Durch die früher stattfindenden monatlichen Tilgungen ist man also ca. 3 Monate eher fertig. Die Restschuld nach 57 Monaten beläuft sich auf

$$\begin{aligned}
R_{57} &= R_0(1 + i/m)^{57} - \tilde{A}\frac{(1+i/m)^{57}-1}{i/m} \\
&= 5.000\,€ \cdot (1 + 0,1/12)^{57} - 109,92\,€ \cdot \frac{(1+0,1/12)^{57}-1}{0,1/12} \\
&= 46,02\,€;
\end{aligned}$$

hier bietet sich eine einmalige Sonderzahlung an.   □

5.4 Zusammenfassung: Tilgungsrechnung

Wichtige Begriffe bei Tilgungen:
Anfangsschuld (Darlehenssumme) R_0
Restschuld nach dem t-ten Jahr R_t
Laufzeit n
Zinssatz i
Zinsfaktor $q = 1 + i$
Annuität im t-ten Jahr A_t
Tilgung im t-ten Jahr T_t
Zinsen im t-ten Jahr Z_t

Wichtige Tilgungsarten:
Ratentilgung mit $T = const$
Annuitätentilgung mit $A = const$

Es gelten jeweils die folgenden Beziehungen ($t = 1, \ldots, n$):

$$A_t = T_t + Z_t$$

und

$$Z_t = R_{t-1} \cdot i$$

sowie

$$R_t = R_{t-1} - T_t$$

Ratentilgung:
Bei einer Ratentilgung, bei der die Gesamtschuld R_0 nach n Jahren getilgt sein soll, ist der Tilgungsanteil konstant. Es gilt jeweils am Ende des t-ten Jahres ($t = 1, \ldots, n$) bei einer Verzinsung von i:

$$\text{Tilgungsrate:} \quad T_t = T = \frac{R_0}{n},$$

$$\text{Restschuld:} \quad R_t = R_0 - t \cdot T = R_0 \cdot \left(1 - \frac{t}{n}\right),$$

$$\text{Zins:} \quad Z_t = R_{t-1} \cdot i = R_0 \cdot \left(1 - \frac{t-1}{n}\right) i,$$

$$\text{Annuität:} \quad A_t = T + Z_t = R_0 \cdot \left[\frac{1}{n} + \left(1 - \frac{t-1}{n}\right) i\right].$$

Annuitätentilgung:

Bei einer Annuitätentilgung, bei der die Gesamtschuld R_0 nach n Jahren getilgt sein soll, ist die Annuität konstant.

Die Grundformel für die Annuitätentilgung lautet (analog zur Rentenrechnung):

$$R_0 \cdot q^n = A \cdot \frac{q^n - 1}{q - 1}$$

(Anfangsschuld R_0, konstante Annuität A, Laufzeit n, Zinsfaktor $q = 1 + i$).
Es gilt jeweils am Ende des t-ten Jahres ($t = 1, \ldots, n$):

$$\text{Annuität:} \quad A_t = A = R_0 \cdot q^n \cdot \frac{q - 1}{q^n - 1},$$

$$\text{Restschuld:} \quad R_t = R_0 q^t - A \frac{q^t - 1}{q - 1} = R_0 \cdot \frac{q^n - q^t}{q^n - 1},$$

$$\text{Zinsanteil:} \quad Z_t = R_{t-1} \cdot i = R_0 \cdot \frac{q^n - q^{t-1}}{q^n - 1} \cdot i,$$

$$\text{Tilgungsanteil:} \quad T_t = A - Z_t = R_0 \cdot \frac{q - 1}{q^n - 1} \cdot q^{t-1} \quad \text{bzw.}$$

$$T_t = T_1 \cdot q^{t-1} \quad \text{mit} \quad T_1 = A - R_0 \cdot i.$$

Nicht–ganzzahlige Laufzeiten:

Bei nicht–ganzzahligen Laufzeiten von Annuitätentilgungen wähle man die nächstkleinere natürliche Zahl n und berechne die zugehörige Restschuld R_n. Diese Restschuld R_n kann als einmalige Sonderzahlung am Ende des n–ten Jahres beglichen werden.

Alternativ kann eine Ausgleichszahlung in Höhe von $R_n \cdot q$ am Ende des $(n+1)$– ten Jahres geleistet werden.

Disagio, Damnum:

Ein Disagio d (auch Damnum oder Abgeld genannt) bedeutet, dass nicht 100% des Darlehensbetrages ausbezahlt werden, sondern nur 100%-d. Es sind aber 100% der Darlehenssumme zurückzuzahlen.

Benötigt man eine Darlehenssumme DS, so ist eine Schuld R_0 aufzunehmen von

$$R_0 = \frac{100}{100 - d} \cdot DS.$$

Angabe des (anfänglichen) Tilgungssatzes:

Ein Annuitätendarlehen R_0 werde bei einem Zinssatz i (Zinsfaktor $q = 1 + i$) und einem anfänglichen Tilgungssatz i_T zurückgezahlt. Die Annuität ergibt sich dann zu

$$A = R_0 \cdot (i + i_T).$$

Die Laufzeit berechnet sich durch Auflösen der Formel

$$R_0 \cdot q^n = A \cdot \frac{q^n - 1}{q - 1}$$

nach n:

$$n = -\frac{\ln\left(1 - \frac{R_0}{A} \cdot i\right)}{\ln q}.$$

Alternativ gilt mit $T_1 = A - R_0 \cdot i$ auch

$$n = -\frac{\ln\left(\frac{T_1}{A}\right)}{\ln q} = \frac{\ln\left(\frac{A}{T_1}\right)}{\ln q}.$$

Unterjährige Annuitäten:

Bei m–maliger Zins- und Tilgungsverrechnung pro Jahr gelten die Formeln für Annuitätentilgung entsprechend, wenn man für

- i jetzt $\frac{i}{m}$,
- $q = 1 + i$ jetzt $q = 1 + \frac{i}{m}$,
- A jetzt $\frac{A}{m}$

setzt. Die Laufzeit n und der Index t beziehen sich dann aber auf $\frac{1}{m}$ Jahre und nicht mehr auf eine Periode von einem Jahr.

5.5 Summary: Amortization

Definitions:

Tilgung	amortization, redemption, repayment
Tilgungsrechnung	amortization (redemption, repayment) calculation
Tilgungsplan	amortization (redemption, repayment) schedule
Tilgung einer Hypothek	mortgage amortization
Tilgung eines Kredits	loan amortization
Schuldentilgung	debt retirement
Laufzeit	number of interest periods, term, life of a loan
Darlehenssumme	initial debt, loan principal
Restschuld	outstanding debt, unpaid balance, debt level
Annuität	annuity
Tilgungsanteil	repayment instalment, repayment of the principal, amortization on the loan
Zinsanteil	interest component, payment devoted to interest, interest on the principal
Ratentilgung	level repayment, repayment by instalments, instalment repayment
Annuitätentilgung	annuity repayment
Hypothekendisagio	mortgage discount
Darlehensdisagio	loan discount

Level repayment:
In case of a level repayment, a loan R_0 is repaid in equal repayment instalments:

$$T_t = T = const.$$

Repayment T_t, outstanding debt R_t, interest Z_t and annuity A_t are calculated by

$$\text{repayment:} \quad T_t = T = \frac{R_0}{n},$$

$$\text{outstanding debt:} \quad R_t = R_0 - t \cdot T = R_0 \cdot \left(1 - \frac{t}{n}\right),$$

$$\text{interest:} \quad Z_t = R_{t-1} \cdot i = R_0 \cdot \left(1 - \frac{t-1}{n}\right) i,$$

$$\text{annuity:} \quad A_t = T + Z_t = R_0 \cdot \left[\frac{1}{n} + \left(1 - \frac{t-1}{n}\right) i\right].$$

Annuity repayment:
In case of an annuity repayment, a loan R_0 is repaid in equal annual repayments:

$$A_t = A = const.$$

The formula that governs annuity repayment is:

$$R_0 \cdot q^n = A \cdot \frac{q^n - 1}{q - 1}$$

(initial debt R_0, constant annuity A, number of interest periods n, interest factor $q = 1 + i$).
Annuity A_t, outstanding debt R_t, interest Z_t and repayment T_t, are calculated by

$$\text{annuity:} \quad A_t = A = R_0 \cdot q^n \cdot \frac{q - 1}{q^n - 1},$$

$$\text{outstanding debt:} \quad R_t = R_0 q^t - A \frac{q^t - 1}{q - 1} = R_0 \cdot \frac{q^n - q^t}{q^n - 1},$$

$$\text{interest:} \quad Z_t = R_{t-1} \cdot i = R_0 \cdot \frac{q^n - q^{t-1}}{q^n - 1} \cdot i,$$

$$\text{repayment:} \quad T_t = A - Z_t = R_0 \cdot \frac{q - 1}{q^n - 1} \cdot q^{t-1} \quad \text{or}$$

$$T_t = T_1 \cdot q^{t-1} \quad \text{with} \quad T_1 = A - R_0 \cdot i.$$

5.6 Übungsaufgaben

Ratentilgung

1.) Bei einer Ratentilgung soll eine Gesamtschuld von 300.000 € in 20 Jahren abgetragen sein. Zugrunde liegt ein Zinssatz von 7% p.a. Wie lauten Tilgung, Zins und Annuität im 14.Jahr? Wie hoch ist die Restschuld nach dem 14.Jahr?

2.) Für einen Kredit in Höhe von 80.000 € erhebt die Bank einen Zins von 10% p.a. Der Kredit soll per Ratentilgung in 5 Jahren zurück gezahlt werden. Berechnen Sie die jährliche Tilgungsrate und stellen Sie den Tilgungsplan auf. Wie hoch ist der Barwert der Schuldnerbelastung bei einem Marktzins von 6%? Zinsen Sie hierzu alle Zahlungen (Annuitäten) des Schuldners auf den Zeitpunkt $t = 0$ ab.

Annuitätentilgung

1.) Bei einer Annuitätentilgung soll eine Gesamtschuld von 300.000 € in 20 Jahren abgetragen sein. Zugrunde liegt ein Zinssatz von 7% p.a. Wie lauten Tilgung, Zins und Annuität im 14.Jahr? Wie hoch ist die Restschuld nach dem 14.Jahr?

2.) Für einen Kredit in Höhe von 80.000 € erhebt die Bank einen Zins von 10% p.a. Der Kredit soll per Annuitätentilgung in 5 Jahren zurück gezahlt werden. Berechnen Sie die jährliche Annuität und stellen Sie den Tilgungsplan auf. Wie hoch ist der Barwert der Schuldnerbelastung bei einem Marktzins von 6%? Zinsen Sie hierzu alle Zahlungen (Annuitäten) des Schuldners auf den Zeitpunkt $t = 0$ ab.

Spezialfälle

1.) In Übung 5.5 hatten wir eine Annuitätentilgung von 10.000 € in 6 Jahren bei 15% p.a. betrachtet. Die jährliche Annuität hatte sich zu 2.642, 37 € ergeben. Wir wollen nun *vierteljährliche* Zahlungen berechnen. Wie hoch ist die vierteljährliche Annuität? Wann ist das Darlehen getilgt?

2.) Eine Bank bietet bei einem Disagio von 4,6% ein Annuitätendarlehen zu 5% p.a. Zins an. Bei anfänglicher Tilgung von 1% wird monatliche Zins- und Tilgungsverrechnung vereinbart. Ein Kreditnehmer benötigt 100.000 €.

   a) In welcher Höhe muss der Kredit aufgenommen werden?
   b) Ermitteln Sie die monatliche Annuität.
   c) Welche Restschuld ergibt sich nach 5 Jahren?
   d) Wie hoch ist die Tilgung nach 5 Jahren?
   e) Wann ist das Darlehen getilgt?

5.7 Lösungen

Ratentilgung

1.) Tilgung T_{14}, Zins Z_{14}, Annuität A_{14} und Restschuld R_{14} berechnen sich mit $R_0 = 300.000\,€$, $n = 20$ und $i = 0,07$ wie folgt:

$$
\begin{aligned}
T_{14} &= T = R_0/n = 300.000\,€/20 = 15.000\,€, \\
Z_{14} &= R_0 \cdot \left(1 - \tfrac{13}{n}\right) \cdot i = 300.000\,€ \cdot \tfrac{7}{20} \cdot 0,07 = 7.350\,€, \\
A_{14} &= T_{14} + Z_{14} = 22.350\,€, \\
R_{14} &= R_0 - 14 \cdot T = 300.000\,€ - 14 \cdot 15.000\,€ = 90.000\,€.
\end{aligned}
$$

2.) Die konstante jährliche Tilgung beträgt $T = 80.000\,€/5 = 16.000\,€$. Wir erhalten folgenden Tilgungsplan:

Jahr t	Restschuld R_t	Zins Z_t	Tilgung T_t	Annuität A_t
0	80.000 €			
1	64.000 €	8.000 €	16.000 €	24.000 €
2	48.000 €	6.400 €	16.000 €	22.400 €
3	32.000 €	4.800 €	16.000 €	20.800 €
4	16.000 €	3.200 €	16.000 €	19.200 €
5	0 €	1.600 €	16.000 €	17.600 €

Wenn man alle zu zahlenden Annuitäten auf die Zeit $t = 0$ mit dem Faktor 1,06 (Marktzins 6 %) abzinst, erhält man den Barwert der Schuldnerbelastung:

$$
\begin{aligned}
&\frac{A_1}{1{,}06} + \frac{A_2}{1{,}06^2} + \frac{A_3}{1{,}06^3} + \frac{A_4}{1{,}06^4} + \frac{A_5}{1{,}06^5} \\
&= \frac{24.000\,€}{1{,}06} + \frac{22.400\,€}{1{,}06^2} + \frac{20.800\,€}{1{,}06^3} + \frac{19.200\,€}{1{,}06^4} + \frac{17.600\,€}{1{,}06^5} \\
&= 88.401{,}45\,€.
\end{aligned}
$$

Annuitätentilgung

1.) Annuität A_{14}, Restschuld R_{14}, Zins Z_{14} und Tilgung T_{14} berechnen sich mit $R_0 = 300.000\,€$, $n = 20$ und $q = 1,07$ wie folgt:

$$
\begin{aligned}
A_{14} &= A = R_0 \cdot q^n \cdot \frac{q-1}{q^n-1} = 300.000\,€ \cdot 1{,}07^{20} \cdot \frac{1{,}07-1}{1{,}07^{20}-1} = 28.317{,}88\,€, \\
R_{14} &= R_0 \cdot \frac{q^{20}-q^{14}}{q^{20}-1} = 300.000\,€ \cdot \frac{1{,}07^{20}-1{,}07^{14}}{1{,}07^{20}-1} = 134.978{,}29\,€, \\
Z_{14} &= R_0 \cdot \frac{q^{20}-q^{13}}{q^{20}-1} \cdot i = 300.000\,€ \cdot \frac{1{,}07^{20}-1{,}07^{13}}{1{,}07^{20}-1} \cdot 0{,}07 = 10.682{,}93\,€, \\
T_{14} &= R_0 \cdot \frac{q-1}{q^{20}-1} \cdot q^{13} = 300.000\,€ \cdot \frac{0{,}07}{1{,}07^{20}-1} \cdot 1{,}07^{13} = 17.634{,}95\,€.
\end{aligned}
$$

Alternativ erhält man die Tilgung auch über

$$
\begin{aligned}
T_1 &= A - R_0 \cdot i = 28.317{,}88\,€ - 300.000\,€ \cdot 0{,}07 = 7.317{,}88\,€, \\
T_{14} &= T_1 \cdot q^{13} = 7.317{,}88\,€ \cdot 1{,}07^{13} = 17.634{,}96\,€.
\end{aligned}
$$

2.) Die konstante Annuität beträgt

$$A = R_0 \cdot q^n \cdot \frac{q-1}{q^n-1} = 80.000\, € \cdot 1,1^5 \cdot \frac{1,1-1}{1,1^5-1} = 21.103,80\, €.$$

Wir erhalten folgenden Tilgungsplan:

Jahr t	Restschuld R_t	Zins Z_t	Tilgung T_t	Annuität A_t
0	80.000,00 €			
1	66.896,20 €	8.000,00 €	13.103,80 €	21.103,80 €
2	52.482,02 €	6.689,62 €	14.414,18 €	21.103,80 €
3	36.626,43 €	5.248,20 €	15.855,60 €	21.103,80 €
4	19.185,27 €	3.662,64 €	17.441,16 €	21.103,80 €
5	0,00 €	1.918,53 €	19.185,27 €	21.103,80 €

Wenn man alle zu zahlenden Annuitäten auf die Zeit $t = 0$ mit dem Faktor 1,06 (Marktzins 6 %) abzinst, erhält man den Barwert der Schuldnerbelastung:

$$\frac{A}{1,06} + \frac{A}{1,06^2} + \frac{A}{1,06^3} + \frac{A}{1,06^4} + \frac{A}{1,06^5}$$

$$= \frac{A}{1,06^5} \cdot (1,06^4 + 1,06^3 + 1,06^2 + 1,06^1 + 1) = \frac{A}{1,06^5} \cdot \frac{1,06^5-1}{1,06-1}$$

$$= \frac{21.103,80\, €}{1,06^5} \cdot \frac{1,06^5-1}{1,06-1} = 88.896,88\, €.$$

Der Barwert der Schuldnerbelastung ist also bei der Annuitätentilgung höher als bei der Ratentilgung.

Spezialfälle

1.) Die vierteljährliche Annuität $\tilde{A}$ beträgt

$$\tilde{A} = A/m = 2.642,37\, €/4 = 660,59\, €.$$

Die Laufzeit des Darlehens berechnet sich zu

$$n = -\frac{\ln\left(1 - \frac{R_0}{A} \cdot \frac{i}{m}\right)}{\ln\left(1 + \frac{i}{m}\right)} = -\frac{\ln\left(1 - \frac{10.000}{660,59} \cdot \frac{0,15}{4}\right)}{\ln\left(1 + \frac{0,15}{4}\right)} \approx 22,78.$$

Das heißt, der Kredit ist nach ca. 22 Quartalen abbezahlt. Bei jährlicher Zahlung hatte die Laufzeit 6 Jahre (=24 Quartale) betragen. Durch die früher stattfindenden vierteljährlichen Tilgungen ist man also ca. 2 Quartale eher fertig. Die Restschuld nach 22 Quartalen beläuft sich auf

$$R_{22} = R_0(1 + i/m)^{22} - \tilde{A}\frac{(1+i/m)^{22}-1}{i/m}$$

$$= 10.000\, € \cdot (1 + 0,15/4)^{22} - 660,59\, € \cdot \frac{(1+0,15/4)^{22}-1}{0,15/4} = 497,85\, €;$$

hier bietet sich eine einmalige Sonderzahlung an.

2.) Es ist $d = 4,6\%$, $i = 5\%$, $i_T = 1\%$ und $m = 12$. Die benötigte Darlehenssumme beträgt 100.000 €.

a) Der Kredit muss in Höhe von

$$R_0 = 100.000\,€ \cdot \frac{100}{100 - 4,6} = 104.821,80\,€$$

aufgenommen werden.

b) Der Zins im 1.Monat beträgt

$$Z_1 = R_0 \cdot i/m = 104.821,80\,€ \cdot 0,05/12 = 436,76\,€$$

und die Tilgung im 1.Monat

$$T_1 = R_0 \cdot i_T/m = 104.821,80\,€ \cdot 0,01/12 = 87,35\,€.$$

Daraus ergibt sich die monatliche Annuität zu

$$\tilde{A} = A_1 = Z_1 + T_1 = 436,76\,€ + 87,35\,€ = 524,11\,€.$$

c) Die Restschuld nach 5 Jahren (=60 Monaten) berechnet sich zu

$$\begin{aligned}
R_{60} &= R_0(1 + i/m)^{60} - \tilde{A}\frac{(1+i/m)^{60}-1}{i/m} \\
&= 104.821,80\,€ \cdot (1 + 0,05/12)^{60} - 524,11\,€ \cdot \frac{(1+0,05/12)^{60}-1}{0,05/12} \\
&= 98.881,30\,€.
\end{aligned}$$

d) Die Tilgung nach 5 Jahren (=60 Monaten) ist

$$T_{60} = T_1 \cdot (1 + i/m)^{59} = 87,35\,€ \cdot (1 + 0,05/12)^{59} = 111,64\,€.$$

e) Das Darlehen ist getilgt nach

$$n = -\frac{\ln\left(1 - \frac{R_0}{\tilde{A}} \cdot \frac{i}{m}\right)}{\ln\left(1 + \frac{i}{m}\right)} = -\frac{\ln\left(1 - \frac{104.821,80}{524,11} \cdot \frac{0,05}{12}\right)}{\ln\left(1 + \frac{0,05}{12}\right)} \approx 430,92.$$

Dies sind über 35 Jahre und 10 Monate.

5.8 Klausur

Aufgabe 1: (10 Punkte)
Eine Schuld von 250.000 € wird bei einem Zinssatz von 7,5% p.a. durch **Raten-tilgung** jährlich nachschüssig mit 12.500 € plus jeweilige Zinsen zurückgezahlt. Stellen Sie die beiden ersten Zeilen (für $t = 1$ und $t = 2$) des Tilgungsplanes auf! (8 Punkte)
Wann ist das Darlehen vollständig zurückgezahlt? (1 Punkt)
Wie hoch ist die Restschuld nach 8 Jahren? (1 Punkt)

Aufgabe 2: (12 Punkte)
Eine Schuld von 250.000 € wird bei einem Zinssatz von 7,5% p.a. durch **Annuitätentilgung** jährlich nachschüssig mit 25.000 € zurückgezahlt.
Stellen Sie die beiden ersten Zeilen (für $t = 1$ und $t = 2$) des Tilgungsplanes auf! (8 Punkte)
Wann ist das Darlehen vollständig zurückgezahlt? (2 Punkte)
Wie hoch ist die Restschuld nach 8 Jahren? (2 Punkte)

Aufgabe 3: (2 Punkte)
Eine Bank erteilt Ihnen ein Darlehen bei einem Disagio von 3,5%. Sie benötigen eine Summe von 150.000 €.
In welcher Höhe müssen Sie das Darlehen aufnehmen?

Aufgabe 4: (2 Punkte)
Eine Bank erteilt ein Annuitätendarlehen von 50.000 € bei 8% p.a. Zinsen und (anfänglicher) Tilgung von 10%.
Wie hoch sind die jährlichen Annuitäten?

Aufgabe 5: (2 Punkte)
Welche Art von Tilgung stellt die folgende Graphik dar?

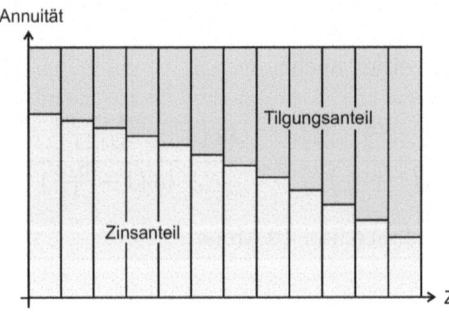

5.9 Lösungen zur Klausur

Aufgabe 1: (10 Punkte)

Wir erhalten folgenden Tilgungsplan für die Ratentilgung:

Jahr t	Restschuld R_t	Zins Z_t	Tilgung T_t	Annuität A_t
0	$250.000,00 €$			
1	$237.500,00 €$	$18.750,00 €$	$12.500,00 €$	$31.250,00 €$
2	$225.000,00 €$	$17.812,50 €$	$12.500,00 €$	$30.312,50 €$

Das Darlehen ist vollständig zurückgezahlt nach 20 Jahren:

$$n = R_0/T = 250.000 €/12.500 € = 20.$$

Die Restschuld nach 8 Jahren beträgt 150.000 €:

$$R_8 = R_0 - 8 \cdot T = 250.000 € - 8 \cdot 12.500 € = 150.000 €.$$

Aufgabe 2: (12 Punkte)

Wir erhalten folgenden Tilgungsplan für die Annuitätentilgung:

Jahr t	Restschuld R_t	Zins Z_t	Tilgung T_t	Annuität A_t
0	$250.000,00 €$			
1	$243.750,00 €$	$18.750,00 €$	$6.250,00 €$	$25.000,00 €$
2	$237.031,25 €$	$18.281,25 €$	$6.718,75 €$	$25.000,00 €$

Das Darlehen ist vollständig zurückgezahlt nach 19,17 Jahren:

$$n = -\frac{\ln\left(1 - \frac{R_0}{A} \cdot i\right)}{\ln q} = -\frac{\ln\left(1 - \frac{250.000}{25.000} \cdot 0,075\right)}{\ln 1,075} \approx 19,17.$$

Eine alternative Rechnung wäre:

$$n = \frac{\ln\left(\frac{A}{T_1}\right)}{\ln q} = \frac{\ln\left(\frac{25.000}{6.250}\right)}{\ln 1,075} \approx 19,17.$$

Die Restschuld nach 8 Jahren beträgt 184.710,18 €:

$$R_8 = R_0 \cdot q^8 - A\frac{q^8 - 1}{q - 1} = 250.000 € \cdot 1,075^8 - 25.000 € \cdot \frac{1,075^8 - 1}{1,075 - 1}$$
$$= 184.710,18 €.$$

Aufgabe 3: (2 Punkte)
Sie müssen ein Darlehen in Höhe von 155.440, 41 € aufnehmen:

$$R_0 = 150.000 \, \text{€} \cdot \frac{100}{100 - 3,5} = 155.440, 41 \, \text{€}.$$

Aufgabe 4: (2 Punkte)
Die Annuität ergibt sich dann zu

$$A = R_0 \cdot (i + i_T) = 50.000 \, \text{€} \cdot (0,08 + 0,1) = 9.000 \, \text{€}.$$

Aufgabe 5: (2 Punkte)
Es liegt eine Annuitätentilgung vor.

Kapitel 6
Investitionsrechnung

Die Investitionsrechnung ist ein Teilgebiet der betriebswirt-   Investitions-
schaftlichen Investitionstheorie. Unter der Investitionsrechnung   rechnung
fasst man Rechenmethoden zusammen, die Investitionsalterna-
tiven beurteilen.

Unter einer **Investition** versteht man die unternehme-   Investitionen
rische Anlage von Geldmitteln zum Zwecke des Aufbaus,
der Erhaltung, der Verbesserung oder der Erweiterung der
Produktion von materiellen oder immateriellen Gütern.
Man unterscheidet zwischen verschiedenen **Investitions-**   Investitions-
objekten: objekte
- **Real- oder Produktinvestitionen**
  (d.h. Investitionen in reale Objekte)
  z.B. Produktionsanlagen, Immobilien, Vorräte
- **Finanzinvestitionen**
  (d.h. Investitionen in Finanzobjekte)
  z.B. Aktien, festverzinsliche Wertpapiere, Beteiligungen
- **immaterielle Investitionen**
  z.B. Forschungs- und Entwicklungsprozesse, Ausbildung, Fortbildung, Weiterbildung, Werbung

In Theorie und Praxis sind verschiedene Verfahren der Investitionsrechnung zur Beurteilung von Investitionen entwickelt
worden. Generell lassen sich diese in statische und dynamische
Verfahren unterteilen.
Die **statischen** bzw. **kalkulatorischen Verfahren** basieren   Statische
auf dem Vergleich von Erlösen und Kosten für eine Rechnungs-   Verfahren
periode. Als Rechnungsperiode wird häufig das Erstjahr oder
ein Repräsentativjahr des Investitionszeitraums gewählt. Man

spricht daher auch von **einperiodischen Verfahren**. Es gibt folgende Arten:

- Kostenvergleichsrechnung,
- Gewinnvergleichsrechnung,
- Rentabiltitätsvergleichsrechnung, Renditevergleichsrechnung (Return on Investment),
- Amortisationsvergleichsrechnung.

Diese Verfahren gehören eher zur Betriebswirtschaft als zur Finanzmathematik und werden daher hier nicht besprochen.

Dynamische
Verfahren

Die **dynamischen** bzw. **mehrperiodischen Verfahren** beruhen auf den Zahlungsfolgen, die der Investition zugrunde liegen. Bei den anfallenden Ein- und Auszahlungen werden durch Auf- oder Abzinsung die Zahlungszeitpunkte explizit berücksichtigt. Zu den dynamischen Verfahren zählen:

- Kapitalwertmethode,
- Interne Zinsfußmethode,
- Annuitätenmethode.

Bei den genannten Verfahren werden allerdings keine Abhängigkeiten der Variablen einer Periode von Variablen vorhergehender Perioden in die Modellansätze aufgenommen. Modellierung dieser Abhängigkeiten würde mathematisch auf das Aufstellen von Differenzen- bzw. Differentialgleichungen führen.

Wir werden im Folgenden die dynamischen Verfahren besprechen.

6.1 Kapitalwertmethode

Kapitalwert-
methode

Barwert-
methode

Net Present
Value Method

Eine der grundlegenden Methoden zur Beurteilung einer Investition ist die Bestimmung ihres Kapitalwerts. Alle Zahlungen (Leistungen und Gegenleistungen, Gewinne und Verluste) werden auf den Beginn der Investition unter Berücksichtigung des Äquivalenzprinzips diskontiert. Die Kapitalwertmethode wird auch Barwertmethode, Net Present Value Method oder kurz NPV Method genannt.

Beispiel 6.1

Eine Maschine wird für 50.000 € angeschafft. Am Ende des ersten Jahres und am Ende des zweiten Jahres wird ein Gewinn von jeweils 20.000 € erwartet, am Ende des dritten Jahres ein Gewinn von 10.000 €. Am Ende des dritten Jahres habe die Maschine einen Restwert von 3.000 €. Wir legen einen Zinssatz von 3% zugrunde.

Der Kapitalwert K (=Wert des Zahlungsstromes für t=0) berechnet sich dann durch Diskontieren über

$$-50.000\,\text{€} + \frac{20.000\,\text{€}}{(1+0,03)} + \frac{20.000\,\text{€}}{(1+0,03)^2} + \frac{10.000\,\text{€}}{(1+0,03)^3} + \frac{3.000\,\text{€}}{(1+0,03)^3}$$

zu $166,24\,\text{€}$. Der Kapitalwert ist positiv, also lohnt sich die Investition.   □

Wir verallgemeinern:

Der Kapitalwert K eines Zahlungsstromes berechnet sich zu

$$K = -I_0 + \sum_{t=0}^{n} \frac{E_t - A_t}{(1+i)^t} + \frac{L_n}{(1+i)^n}.$$

Dabei bedeutet

I_0	Anfangsinvestition des Investors,
E_t	Einnahmen des Investors im Jahr t,
A_t	Ausgaben des Investors im Jahr t,
$E_t - A_t$	Einnahmeüberschuss des Investors im Jahr t,
n	Nutzungsdauer,
L_n	Liquidationserlös am Ende der Nutzungsdauer,
i	Kalkulationszinsfuß.

Eine Investition ist vorteilhaft, wenn ihr Kapitalwert größer als 0 ist.
Beim Vergleich verschiedener Investitionen ist unter ökonomischen Gesichtspunkten diejenige vorzuziehen, bei der der Kapitalwert am größten ist.

Kapitalwert

Anfangsinvestition
Einnahmen
Ausgaben
Einnahmeüberschuss
Nutzungsdauer
Liquidationserlös
Kalkulationszinsfuß

Vorteilhaftigkeit bzw. Vergleich von Investitionen

Übung 6.1
Legen Sie im Beispiel 6.1 einen Zinssatz von 3,5% zugrunde. Berechnen Sie den Kapitalwert und interpretieren Sie das Ergebnis!

Lösung 6.1
Der Kapitalwert K berechnet sich für $i = 3,5\%$ über

$$-50.000\,\text{€} + \frac{20.000\,\text{€}}{1,035} + \frac{20.000\,\text{€}}{1,035^2} + \frac{10.000\,\text{€}}{1,035^3} + \frac{3.000\,\text{€}}{1,035^3}$$

zu $-280,86\,\text{€}$. Der Kapitalwert ist negativ, also ist die Investition nicht vorteilhaft.   □

Vorteile der Kapitalwertmethode

Zu den Vorteilen der Kapitalwertmethode gehört sicherlich, dass *sämtliche* Einzahlungen und Ausgaben während der gesamten Laufzeit der Investition berücksichtigt werden. Insbesondere geht in die Berechnung des Kapitalwerts ein, dass die Ein- und Auszahlungen *zu verschiedenen Zeitpunkten* anfallen.

Nachteile der Kapitalwertmethode

Ein Nachteil der Kapitalwertmethode ist allerdings, dass man die untersuchte Investition mit einer *fiktiven Kapitalanlage* vergleicht, die mit dem Kalkulationszinssatz verzinst wird. Aber welchen Zinssatz soll man zugrunde legen? (Habenzinsen, Sollzinsen, Mittelwert,...) Außerdem geht die Methode davon aus, dass sämtliche Kapitalrückflüsse zum Kalkulationszinssatz (und nicht zum jeweiligen Marktzinssatz) wieder angelegt werden können.

Wiederanlageprämisse

Diese so genannte *Wiederanlageprämisse* wird in der Praxis häufig als unrealistisch eingestuft.

6.2 Interne Zinsfußmethode

Interne Zinsfußmethode

Wir haben bisher den Kapitalwert einer Investition ausgerechnet, indem wir einen festen Kalkulationszinsfuß zugrunde gelegt hatten. Nun untersuchen wir, bei welchem Zinsfuß eine Investition einen positiven bzw. negativen Kapitalwert aufweist. Unter dem internen Zinsfuß wird dabei derjenige Zinsfuß verstanden, bei dem eine Investition den Kapitalwert 0 hat. Insbesondere bei so genannten Normalinvestitionen ist der Verlauf des Kapitalwerts in Abhängigkeit vom Zinsfuß leicht zu interpretieren.

Beispiel 6.2

Wir greifen nochmals auf Beispiel 6.1 zurück und berechnen nun den Kapitalwert K in Abhängigkeit von einem beliebigen Kalkulationszinssatz i des Investors. Wir erhalten für $K(i)$ (in €):

$$K(i) = -50.000 + \frac{20.000}{(1+i)} + \frac{20.000}{(1+i)^2} + \frac{10.000}{(1+i)^3} + \frac{3.000}{(1+i)^3}.$$

In Abb. 6.1 wird der Kapitalwert $K(i)$ in Abhängigkeit vom Kalkulationszinsfuß graphisch dargestellt.

Für den Schnittpunkt der Funktion $K(i)$ mit der i-Achse (d.h. für die Nullstelle der Funktion) erhält mit z.B. mit Hilfe eines Iterationsverfahrens $i \approx 3,18500976\%$. Man nennt diesen Wert den internen Zinsfuß i_{intern}.

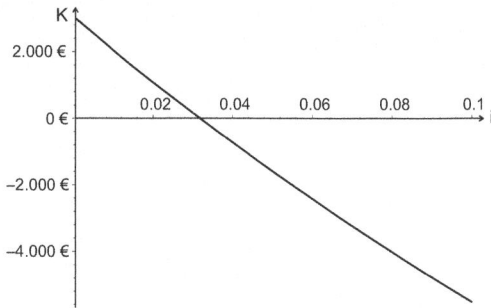

Abb. 6.1. Kapitalwert in Abhängigkeit vom Kalkulationszinsfuß

Für $i < i_{intern}$ ist die Investition vorteilhaft, für $i > i_{intern}$ ist die Investition nicht vorteilhaft und sollte daher nicht durchgeführt werden. ☐

Unter dem internen Zinsfuß i_{intern} einer Investition versteht man denjenigen Wert, bei dem der Kapitalwert $K(i)$ einer Investition gleich 0 ist.

interner Zinsfuß

Zur Ermittlung des internen Zinsfußes muss eine Gleichung n-ten Grades meist numerisch gelöst werden (z.B. Regula falsi, Newton-Verfahren).

Gemäß dem Barwertkonzept ist der interne Zinsfuß die Effektivverzinsung der Investition. Man spricht daher auch vom Effektivzinssatz bzw. von der Rendite der Investition, englisch: internal rate of return (IRR).

Effektiv-
verzinsung einer
Investition

Übung 6.2

Sie investieren heute 5.000 €, Sie erhalten nach einem Jahr 4.000 € und nach dem zweiten Jahr 1.500 € zurück. Ist diese Investition bei einem Kalkulationszinssatz von $i = 5\%$ vorteilhaft? Berechnen Sie nun den internen Zinsfuß! (Warum muss man hier kein numerisches Verfahren anwenden?)

Lösung 6.2

Der Kapitalwert der Investition berechnet sich (in €) zu

$$K(i) = -5.000 + \frac{4.000}{(1+i)} + \frac{1.500}{(1+i)^2}.$$

Für $i = 5\%$ ergibt sich $K(0,05) = 170,07$ €. Die Investition ist also vorteilhaft.

Um die Gleichung $K(i) = 0$ zu lösen, setzen wir $q = 1 + i$ und erhalten:

$$-5.000 + \frac{4.000}{q} + \frac{1.500}{q^2} = 0,$$
$$\text{bzw. } -5.000q^2 + 4.000q + 1.500 = 0.$$

Diese quadratische Gleichung läßt sich ohne numerische Verfahren lösen:

$$q_{1,2} = \frac{2}{5} \pm \frac{1}{10}\sqrt{46}.$$

Die positive Lösung lautet $q \approx 1,078232998$ und entspricht einem internen Zinsfuß von $i_{intern} \approx 7,8233\%$.   □

Auch hier hat die Funktion $K(i)$ einen ähnlichen Verlauf wie in Abb. 6.1. Dies liegt daran, dass wir so genannte Normalinvestitionen betrachtet haben.

Normal-
investition

Eine Normalinvestition ist gekennzeichnet durch folgende Eigenschaften:

- Die Zahlungsreihe beginnt mit einer Ausgabe.
- Die Zahlungsreihe weist nur einen Vorzeichenwechsel auf. D.h. die Zahlungsreihe beginnt mit einer Ausgabe oder mehreren Ausgaben, und nach diesen Ausgaben folgen nur noch (positive) Einnahmeüberschüsse.
- Das so genannte Deckungskriterium ist erfüllt (d.h. die nominelle Summe der Einnahmen ist größer als die nominelle Summe der Ausgaben inclusive Anfangsinvestition).

Eine Normalinvestition läge z.B. nicht vor, wenn zusätzlich die Einnahmen übersteigende Wartungskosten während der Laufzeit oder Verschrottungskosten am Ende der Laufzeit der Investition auftreten.

Beispiel 6.3

In Übung 6.2 konnte die Investition durch den Zahlungsstrom $I = (-5.000 \text{ €}, 4.000 \text{ €}, 1.500 \text{ €})$ beschrieben werden. Der Zahlungsstrom beginnt mit einer Ausgabe, danach erfolgt ein (einziger) Vorzeichenwechsel und die nominelle Summe der Einnahmen ist größer als die nominelle Summe der Ausgaben: $4.000 \text{ €} + 1.500 \text{ €} > 5.000 \text{ €}$. Die Investition ist daher eine Normalinvestition.   □

Übung 6.3
Sie erhalten heute 1.000 €, müssen in einem Jahr 2.700 € investieren und erhalten nach dem zweiten Jahr 1.800 € zurück. Durch welchen Zahlungsstrom wird diese Investition beschrieben? Ist diese Investition bei einem Kalkulationszins von 10% vorteilhaft? Warum liegt keine Normalinvestition vor? Berechnen Sie die internen Zinsfüße!

Lösung 6.3
Die Investition wird durch folgenden Zahlungsstrom beschrieben:

$$I = (1.000 \text{ €}, -2.700 \text{ €}, 1.800 \text{ €}).$$

Der Kapitalwert der Investition berechnet sich (in €) zu

$$K(i) = 1.000 - \frac{2.700}{1+i} + \frac{1.800}{(1+i)^2}.$$

Für $i = 10\%$ ergibt sich $K(0,1) = 33,06 \text{ €}$. Die Investition ist also vorteilhaft.
Die Investition beginnt mit einer Einnahme; es liegt daher keine Normalinvestition vor.
Die Gleichung $K(i) = 0$ hat die beiden Lösungen $i = 0,2$ und $i = 0,5$. Bei Nicht-Normalinvestitionen können also auch mehrere interne Zinsfüße vorliegen.
In Abb. 6.2 wird der Kapitalwert $K(i)$ in Abhängigkeit vom Kalkulationszinsfuß graphisch dargestellt.

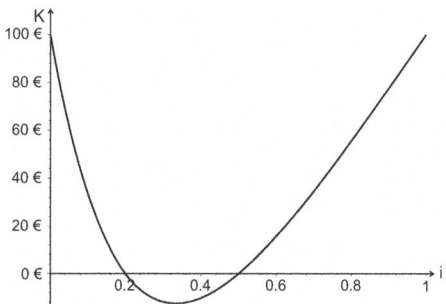

Abb. 6.2. Kapitalwert in Abhängigkeit vom Kalkulationszinsfuß

Der Verlauf des Graphen weicht offensichtlich vom Verlauf bei Vorliegen einer Normalinvestition ab.   □

6.3 Annuitätenmethode

Annuitäten-
methode

*Die Annuitätenmethode verteilt den Kapitalwert einer Investiti-
on gleichmäßig auf die Investitionsdauer. Die derart berechnete
Kapitalwertannuität gibt eine Art durchschnittlichen jährlichen
Gewinn oder Verlust an. Ist die Kapitalwertannuität positiv, so
lohnt sich die Investition, andernfalls nicht.*

In der Rentenrechnung (s.S.77) hatten wir gelernt, dass einem Anfangskapital von K_0 bei einer Verzinsung von i (bzw.
einem Zinsfaktor von $q := 1 + i$) eine (nachschüssige) jährliche
Rente A für eine Laufzeit von n Jahren entspricht, wenn gilt:

$$K_0 \cdot q^n = A \cdot \frac{q^n - 1}{q - 1}.$$

Aufgelöst nach der jährlichen Rente A erhält man:

$$A = K_0 \cdot q^n \cdot \frac{q - 1}{q^n - 1} =: K_0 \cdot w.$$

Kapitalwieder-
gewinnungs-
faktor

Dabei gibt der Faktor w eine Art Kapitalwiedergewinnungsfak-
tor an, wenn man das Anfangskapital nach der Annuitätenmethode auf die Laufzeit verteilt.

Kapitalwert-
annuität

Gegeben sei eine Investition mit dem Kapitalwert K_0
beim Kalkulationszinsfuß i (bzw. Zinsfaktor $q := 1 + i$).
Dann berechnet sich die Kapitalwertannuität k^* zu

$$k^* = K_0 \cdot q^n \cdot \frac{q - 1}{q^n - 1}.$$

Ist die Kapitalwertannuität positiv, so ist eine Investition
vorteilhaft, andernfalls nicht.

Bei der Annuitätenmethode wird der Kapitalwert einer Investition also nur gleichmäßig auf die Investitionsdauer verteilt.

 Übung 6.4
Wir wenden uns nochmals der Normalinvestition aus Übung 6.2
beim Kalkulationszinssatz von $i = 5\%$ zu:

$$I = (-5.000 \,\text{€}, 4.000 \,\text{€}, 1.500 \,\text{€}).$$

Berechnen Sie die Kapitalwertannuität!

Lösung 6.4
Der Kapitalwert der Investition berechnete sich (in €) zu

$$K(i) = -5.000 + \frac{4.000}{(1+i)} + \frac{1.500}{(1+i)^2}.$$

Für $i = 5\%$ ergab sich $K(0,05) = 170,07\,€$.
Für die zugehörige Kapitalwertannuität erhält man

$$k^* = 170,07\,€ \cdot 1,05^2 \cdot \frac{1,05 - 1}{1,05^2 - 1} = 91,46\,€.$$

Der Gewinn durch diese Investition würde also einer jährlichen Rentenzahlung von $91,46\,€$ entsprechen.   □

6.4 Zusammenfassung: Investitionsrechnung

Investitionen, Investitionsobjekte:
Unter einer Investition versteht man die unternehmerische Anlage von Geld-
mitteln zum Zwecke des Aufbaus, der Erhaltung, der Verbesserung oder der
Erweiterung der Produktion von materiellen oder immateriellen Objekten.
Es existieren verschiedene Investitionsobjekte:

- Real- oder Produktinvestitionen (d.h. Investitionen in reale Objekte)
  z.B. Produktionsanlagen, Immobilien, Vorräte
- Finanzinvestitionen (d.h. Investitionen in Finanzobjekte)
  z.B. Aktien, festverzinsliche Wertpapiere, Beteiligungen
- immaterielle Investitionen
  z.B. Forschungs- und Entwicklungsprozesse, Ausbildung, Fortbildung, Weiterbildung, Werbung

---

Statische und dynamische Verfahren der Investitionsrechnung:
Statische Verfahren:

- Kostenvergleichsrechnung,
- Gewinnvergleichsrechnung,
- Rentabiltitätsvergleichsrechnung, Renditevergleichsrechnung (Return on In-
  vestment),
- Amortisationsvergleichsrechnung.

Dynamische Verfahren:

- Kapitalwertmethode,
- Interne Zinsfußmethode,
- Annuitätenmethode.

Kapitalwertmethode:
Der Kapitalwert K eines Zahlungsstromes berechnet sich zu

$$K = -I_0 + \sum_{t=0}^{n} \frac{E_t - A_t}{(1+i)^t} + \frac{L_n}{(1+i)^n},$$

Dabei bedeutet:
I_0 Anfangsinvestition des Investors,
E_t Einnahmen des Investors im Jahr t,
A_t Ausgaben des Investors im Jahr t,

$E_t - A_t$ Einnahmeüberschuss des Investors im Jahr t,
n Nutzungsdauer,
L_n Liquidationserlös am Ende der Nutzungsdauer,
i Kalkulationszinsfuß.

Eine Investition ist vorteilhaft, wenn ihr Kapitalwert größer als 0 ist.

Beim Vergleich verschiedener Investitionen ist unter ökonomischen Gesichtspunkten diejenige vorzuziehen, bei der der Kapitalwert am größten ist.

Interner Zinsfuß:

Unter dem internen Zinsfuß i_{intern} einer Investition versteht man denjenigen Wert, bei dem der Kapitalwert $K(i)$ einer Investition gleich 0 ist.

Zur Ermittlung des internen Zinsfußes muss eine Gleichung n-ten Grades meist numerisch gelöst werden (z.B. Regula falsi, Newton-Verfahren).

Gemäß dem Barwertkonzept ist der interne Zinsfuß die Effektivverzinsung der Investition. Man spricht daher auch vom Effektivzinssatz bzw. von der Rendite der Investition.

Normalinvestition:

Eine Normalinvestition ist gekennzeichnet durch folgende Eigenschaften:
- Die Zahlungsreihe beginnt mit einer Ausgabe.
- Die Zahlungsreihe weist nur einen Vorzeichenwechsel auf. D.h. die Zahlungsreihe beginnt mit einer Ausgabe oder mehreren Ausgaben, und nach diesen Ausgaben folgen nur noch (positive) Einnahmeüberschüsse.
- Das so genannte Deckungskriterium ist erfüllt (d.h. die nominelle Summe der Einnahmen ist größer als die nominelle Summe der Ausgaben inclusive Anfangsinvestition).

Annuitätenmethode:

Gegeben sei eine Investition mit dem Kapitalwert K_0 beim Kalkulationszinsfuß i (bzw. Zinsfaktor $q := 1 + i$). Dann berechnet sich die Kapitalwertannuität k^* zu

$$k^* = K_0 \cdot q^n \cdot \frac{q-1}{q^n - 1}.$$

Ist die Kapitalwertannuität positiv, so ist eine Investition vorteilhaft, andernfalls nicht.

6.5 Summary: Investment

<u>Definitions:</u>

Investition	investment
Kapitalwertmethode	Net Present Value Method (NPV)
Anfangsinvestition	start-up costs, initial investment, historical costs
Einnahmen	receipts, revenues
Ausgaben	expenses, expenditures
Nutzungsdauer	useful life, economic life
Liquidationserlös	liquidation proceeds, break-up value
Kalkulationszinsfuß	adequate target rate, required rate of return
interner Zinsfuß	Internal Rate of Return (IRR)

<u>Net Present Value Method (NPV):</u>

The net present value K of a sequence of payments is calculated by

$$K = -I_0 + \sum_{t=0}^{n} \frac{E_t - A_t}{(1+i)^t} + \frac{L_n}{(1+i)^n},$$

with

I_0	initial investment,
E_t	receipts in the t-th year,
A_t	expenses in the t-th year,
n	number of years,
L_n	liquidation proceeds,
i	interest rate

An investment is advantageous if its NPV is greater than 0.

Comparing different investments in an economic context, the one with greatest NPV is to be chosen.

<u>Internal Rate of Return (IRR):</u>

The internal rate of return $i_{internal}$ of an investment is the value i with

$$K(i) = 0.$$

6.6 Übungsaufgaben

Kapitalwertmethode

1.) Wir betrachten eine Investition, bei der wir anfänglich eine Maschine mit einer Nutzungsdauer von 3 Jahren zu 2.000 € anschaffen. Im ersten und zweiten Jahr erhalten wir Einnahmen von jeweils 3.000 €, denen allerdings Wartungs- und Betriebskosten von 2.000 € gegenüberstehen. Im dritten Jahr steigern wir die Einnahmen auf 4.000 €, denen wiederum Wartungs- und Betriebskosten von 2.000 € gegenüberstehen, und verkaufen die Maschine schließlich zu 1.000 €. Durch welchen Zahlungsstrom wird diese Investition beschrieben? Wie hoch ist der Kapitalwert der Investition bei einem Kalkulationszinsfuß von $i = 8\%$? Ist die Investition vorteilhaft?

2.) Gegeben sind zwei Investitionsmöglichkeiten:

  a) Investition 1:
  Investiert wird anfangs 50.000 €, am Ende des zweiten Jahres wird ein Gewinn von 10.000 € erwartet, am Ende des sechsten Jahres ein Gewinn von 74.000 €.

  b) Investition 2:
  Investiert werden anfangs 50.000 €, am Ende des dritten Jahres wird ein Gewinn von 10.000 € erwartet, am Ende des fünften Jahres ein Gewinn von 70.000 €.

  Es wird ein Kalkulationszinssatz von $i = 10\%$ zugrunde gelegt. Berechnen Sie in beiden Fällen den Kapitalwert und vergleichen Sie die Investitionen. Welche Investition ist vorteilhafter?

Interne Zinsfußmethode

1.) Eine Investition entspricht einem Zahlungsstrom von

$$I = (-2.000 \text{ €}, 1.000 \text{ €}, 1.000 \text{ €}, 3.000 \text{ €}).$$

Liegt eine Normalinvestition vor? Stellen Sie die Abhängigkeit $K(i)$ graphisch dar! Berechnen Sie den internen Zinsfuß!

2.) Die Investition

$$I = (-5.000 \text{ €}, 19.500 \text{ €}, -26.950 \text{ €}, 15.405 \text{ €}, -2.970 \text{ €})$$

stellt keine Normalinvestition dar. Berechnen Sie die internen Zinsfüße!

3.) Betrachten Sie eine Normalinvestition, bei der zu Beginn eine einzige Ausgabe auftritt:

$$I = (-c_0, c_1, c_2, \ldots, c_n) \qquad \text{mit } c_i > 0.$$

Zeigen Sie, dass genau ein (positiver) interner Zinsfuß vorliegt.

Annuitätenmethode

1.) Eine Investition entspricht einem Zahlungsstrom von

$$I = (-2.000\ \text{€}, 1.000\ \text{€}, 1.000\ \text{€}, 3.000\ \text{€}).$$

Berechnen Sie die zum Kalkulationszinsfuß von $i = 8\%$ gehörige Kapitalwertannuität!

2.) Eine Investition habe die Gestalt

$$I = (-c_0, c, c, \ldots, c) \quad \text{mit konstanten Überschüssen } c \text{ für } t = 1, 2, \ldots, n.$$

Geben Sie eine einfache Formel für den Kapitalwert dieser Investition an. Geben Sie eine einfache Formel für die zugehörige Kapitalwertannuität dieser Investition an. Wenden Sie die Formeln auf die folgende Investition an:

$$I = (-2.000\ \text{€}, 1.000\ \text{€}, 1.000\ \text{€}, 1.000\ \text{€}).$$

6.7 Lösungen

Kapitalwertmethode

1.) Die Investition entspricht einem Zahlungsstrom von

$$I = (-2.000\ \text{€}, 1.000\ \text{€}, 1.000\ \text{€}, 3.000\ \text{€}).$$

Der Kapitalwert berechnet sich bei $i = 0,08$ zu

$$-2.000\ \text{€} + \frac{1.000\ \text{€}}{1,08} + \frac{1.000\ \text{€}}{1,08^2} + \frac{3.000\ \text{€}}{1,08^3} = 2.164,76\ \text{€}.$$

Die Investition ist vorteilhaft, da der Kapitalwert positiv ist.

2.) Die Kapitalwerte der beiden Investitionen ergeben sich (in €) zu:

$$K_1(i) = -50.000 + \frac{10.000}{(1+i)^2} + \frac{74.000}{(1+i)^6},$$

$$K_2(i) = -50.000 + \frac{10.000}{(1+i)^3} + \frac{70.000}{(1+i)^5}.$$

Beim zugrunde liegenden Kalkulationszins von $i = 0,1$ beträgt der Kapitalwert $K_1(0,1) = 35,53\ \text{€}$ bzw. $K_2(0,1) = 977,64\ \text{€}$. Die zweite Investition ist offenbar vorteilhafter.

Interne Zinsfußmethode

1.) Es liegt eine Normalinvesitition vor: Auf eine Ausgabe folgen nur noch Einnahmen. Die nominelle Summe der Einnahmen ist größer als die nominelle Summe der Ausgaben: 1.000 € + 1.000 € + 3.000 € > 2.000 €.
Der Kapitalwert (in €) berechnet sich zu

$$K(i) = -2.000 + \frac{1.000}{1+i} + \frac{1.000}{(1+i)^2} + \frac{3.000}{(1+i)^3}.$$

In Abb. 6.3 wird der Kapitalwert $K(i)$ in Abhängigkeit vom Kalkulationszinsfuß mit Hilfe eines Computeralgebra-Programms graphisch dargestellt.

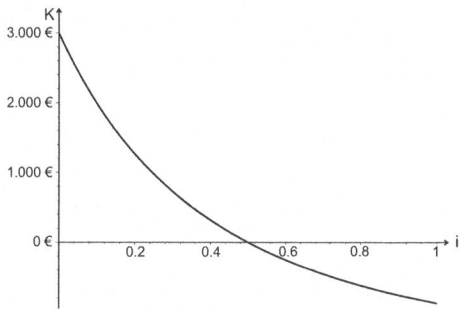

Abb. 6.3. Kapitalwert in Abhängigkeit vom Kalkulationszinsfuß

Der interne Zinsfuß berechnet sich mit $q := 1 + i$ über

$$-2.000 + \frac{1.000}{q} + \frac{1.000}{q^2} + \frac{3.000}{q^3} = 0$$

bzw. (Multiplikation mit q^3 und Division durch −2.000)

$$q^3 - 0,5q^2 - 0,5q - 1,5 = 0.$$

Diese Gleichung hat die Lösung $q = 1,5$ bzw. $i = 50\%$. Die Investition verspricht eine Rendite von 50%.

2.) Der Kapitalwert der Investition berechnet sich (in €) zu

$$K(i) = -5.000 + \frac{19.500}{1+i} - \frac{26.950}{(1+i)^2} + \frac{15.405}{(1+i)^3} - \frac{2.970}{(1+i)^4}.$$

Numerische Lösung liefert die Nullstellen $i = -0,6$, $i = -0,1$, $i = 0,1$ und $i = 0,5$.
In Abb. 6.4 wird der Kapitalwert $K(i)$ in Abhängigkeit vom Kalkulationszinsfuß graphisch dargestellt.

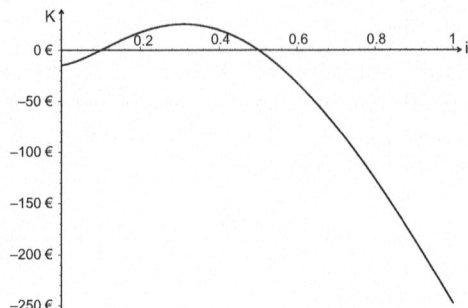

Abb. 6.4. Kapitalwert in Abhängigkeit vom Kalkulationszinsfuß

3.) Der Kapitalwert der speziellen Normalinvestition in Abhängigkeit vom Kalkulationszinsfuß berechnet sich zu:

$$K(i) = -c_0 + \sum_{t=1}^{n} \frac{c_t}{(1+i)^t} = -c_0 + \sum_{t=1}^{n} c_t \cdot (1+i)^{-t}.$$

Die Funktion $K(i)$ ist streng monoton fallend wegen

$$K'(i) = \sum_{t=1}^{n} (-t) \cdot c_t \cdot (1+i)^{-t-1} < 0.$$

Es gilt:

$$K(0) = -c_0 + \sum_{t=1}^{n} c_t > 0$$

wegen des Deckungskriteriums. Außerdem gilt $\lim_{i\to\infty} K(i) = -c_0$ wegen $\lim_{i\to\infty} 1/(1+i) = 0$. Da $K(i)$ stetig und streng monoton fallend ist, existiert genau eine positive Nullstelle.

Annuitätenmethode

1.) Der Kapitalwert ergab sich zu $2.164,76 \,€$ (s. Aufgabe 1 unter Kapitalwertmethode). Die zugehörige Kapitalwertannuität berechnet sich zu

$$k^* = 2.164,76\,€ \cdot 1,08^3 \cdot \frac{1,08 - 1}{1,08^3 - 1} = 840,00\,€.$$

2.) Mit den Formeln für geometrische Reihen ergibt sich für den Kapitalwert der Investition

$$\begin{aligned}
K(i) &= -c_0 + \sum_{t=1}^{n} \frac{c}{(1+i)^t} = -c_0 + c \cdot \sum_{t=1}^{n}(1+i)^{-t} \\
&= -c_0 + \frac{c}{(1+i)^n} \cdot \sum_{t=0}^{n-1}(1+i)^t = -c_0 + \frac{c}{(1+i)^n} \frac{(1+i)^n - 1}{(1+i) - 1} \\
&= -c_0 + c \cdot \frac{q^n - 1}{q^n(q-1)}.
\end{aligned}$$

Die Kapitalwertannuität berechnet sich zu

$$k^* = \left(-c_0 + c \cdot \frac{q^n - 1}{q^n(q-1)}\right) \cdot \frac{q^n(q-1)}{q^n - 1} = -c_0 \cdot \frac{q^n(q-1)}{q^n - 1} + c.$$

Die Kapitalwertannuität $k^* = -c_0 \cdot w_n + c$ gibt den konstanten jährlichen Einnahmeüberschuss c an vermindert um die durchschnittliche kalkulatorische Verzinsung und Tilgung (Wiedergewinnungsfaktor) der Investition c_0.

Für die Investition $I = (-2.000 \ \text{€}, 1.000 \ \text{€}, 1.000 \ \text{€}, 1.000 \ \text{€})$ mit $i = 8\%$ erhält man (in €) den Kapitalwert

$$K(0,08) = -2.000 + 1.000 \cdot \frac{1,08^3 - 1}{1,08^3(1,08 - 1)} = 577,10.$$

Die Kapitalwertannuität (in €) berechnet sich zu

$$k^* = -2.000 \cdot \frac{1,08^3(1,08 - 1)}{1,08^3 - 1} + 1.000 = 223,93.$$

6.8 Klausur

Aufgabe 1: (4 Punkte)

Eine Investition kostet $40.000 \ \text{€}$ und erbringt in 2 Jahren einen Gewinn von $10.000 \ \text{€}$ sowie in 3 Jahren von $35.000 \ \text{€}$. Der Kalkulationszinssatz betrage 4%.
Berechnen Sie den Barwert der Investition!
Ist die Investition also vorteilhaft?
Liegt eine Normalinvestition vor?

Aufgabe 2: (4 Punkte)

Eine Investition werde durch folgenden Zahlungsstrom gekennzeichnet:

$$I = (-2.000 \ \text{€}, 1.080 \ \text{€}, 1.040 \ \text{€}).$$

Wie lautet die Gleichung zur Bestimmung des internen Zinsfußes?
Wie lautet der interne Zinsfuß?

Aufgabe 3: (3 Punkte)

Wenn man für eine Normalinvestition den Kapitalwert in Abhängigkeit vom Kalkulationszinssatz zeichnet, so nimmt die Funktion $K(i)$ in etwa folgenden Verlauf:

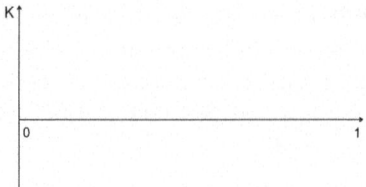

Was ist die anschauliche Bedeutung des internen Zinsfußes i_{intern}?
Was gilt für $i < i_{intern}$ bzw. für $i > i_{intern}$?

Aufgabe 4: (4 Punkte)

Eine Investition werde durch folgende Zahlungsfolge gekennzeichnet:

$$I = (-8.000 \, €, 4.000 \, €, 5.000 \, €).$$

Wir rechnen mit einem Kalkulationszinsfuß von 4%.
Wie lautet der Kapitalwert der Investition?
Wie lautet die Kapitalwertannuität der Investition?

6.9 Lösungen zur Klausur

Aufgabe 1: (4 Punkte)

Der Kapitalwert der Investition beträgt:

$$-40.000 \, € + \frac{10.000 \, €}{1,04^2} + \frac{35.000 \, €}{1,04^3} = 360,43 \, €.$$

Die Investition ist vorteilhaft, da der Kapitalwert positiv ist.
Es liegt eine Normalinvestition vor. Auf eine Ausgabe folgen nur noch Einnahmen. Die nominelle Summe der Einnahmen ist größer als die nominelle Summe der Ausgaben: $10.000 \, € + 35.000 \, € > 40.000 \, €$.

Aufgabe 2: (4 Punkte)
Der Kapitalwert der Investition muss gleich 0 gesetzt werden:

$$-2.000 \,\text{€} + \frac{1.080 \,\text{€}}{1+i} + \frac{1.040 \,\text{€}}{(1+i)^2} = 0.$$

Mit $q := 1 + i$ ist also die folgende Gleichung zu lösen: $-2.000q^2 + 1.080q + 1.040 = 0$. Das Ergebnis lautet $q_1 = 1,04$ und $q_2 = -0,5$. Als interner Zinsfuß ergibt sich damit $i_{intern} = 4\%$.

Aufgabe 3: (4 Punkte)
Wenn man für eine Normalinvestition den Kapitalwert in Abhängigkeit vom Kalkulationszinssatz zeichnet, so nimmt die Funktion $K(i)$ in etwa folgenden Verlauf:

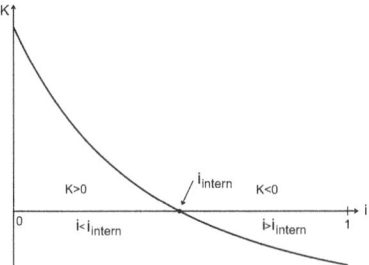

Der interne Zinsfußes i_{intern} bezeichnet die einzige Nullstelle dieser Funktion. Für $i < i_{intern}$ ist die Investition vorteilhaft (positiver Kapitalwert), für $i > i_{intern}$ ist die Investition nicht vorteilhaft (negativer Kapitalwert).

Aufgabe 4: (4 Punkte)
Der Kapitalwert berechnet sich zu

$$-8.000 \,\text{€} + \frac{4.000 \,\text{€}}{1,04} + \frac{5.000 \,\text{€}}{1,04^2} = 468,93 \,\text{€}.$$

Die zugehörige Kapitalwertannuität ist

$$k^* = 468,93 \,\text{€} \cdot 1,04^2 \cdot \frac{1,04 - 1}{1,04^2 - 1} = 248,62 \,\text{€}.$$

Kapitel 7
Abschreibungen

Der Wert von Wirtschaftgütern verringert sich im Laufe der Zeit. In der Buchführung von Unternehmen werden derartige Wertminderungen als Abschreibungen berücksichtigt. Aber auch Privatleute können gewisse Abschreibungen steuermindernd geltend machen. Die gewinnmindernde Wirkung von Abschreibungen wird auch „Absetzung für Abnutzung (AfA)" genannt.

Um die notwendigen Berechnungen durchführen zu können, benötigt man einige Begriffe:

Absetzung für
Abnutzung
(AfA)

- Der Wert eines Wirtschaftsgutes zur Zeit $t = 0$ ist durch die Anschaffungskosten K_0 gegeben.
- Betrachtet man das Wirtschaftsgut über eine Laufzeit von n Perioden (meist Jahre), so ergibt sich in jeder Periode eine Wertminderung des Wirtschaftsgutes. Die Wertminderung im t-ten Jahr ($1 \leq t \leq n$) heißt auch Abschreibung A_t.
- Der Buchwert K_t (auch Restwert oder Bilanzwert) eines Wirtschaftsgutes nach t Jahren berechnet sich aus dem Buchwert des Vorjahres K_{t-1} minus der jeweiligen Abschreibung A_t:

$$K_t = K_{t-1} - A_t.$$

- Der Buchwert eines Wirtschaftsgutes nach Ablauf der gesamten Laufzeit n heißt Schrottwert K_n (auch Altwert oder Restverkaufswert).

Anschaffungs-
kosten

Laufzeit

Abschreibung

Buchwert

Schrottwert

Beispiel 7.1

Eine Maschine wird für 10.000 € angeschafft. Sie soll über 5
Jahre abgeschrieben werden. Dabei erfolgt eine Abschreibung
im ersten Jahr über 20% der Anschaffungskosten, in den folgenden Jahren über 15% des Anschaffungspreises.

Jahr	Buchwert zu Beginn des Jahres	Abschreibung im Jahr	Buchwert am Ende des Jahres
1	10.000 €	2.000 €	8.000 €
2	8.000 €	1.500 €	6.500 €
3	6.500 €	1.500 €	5.000 €
4	5.000 €	1.500 €	3.500 €
5	3.500 €	1.500 €	2.000 €

Der Schrottwert der Maschine beträgt dann 2.000 €.   □

Oft ist man nicht am absoluten Wert der Abschreibung in-
teressiert, sondern rechnet prozentual. Dabei bezieht man sich
im Allg. aber nicht auf die Anschaffungskosten, sondern auf
den jeweiligen Buchwert des Wirtschaftsgutes. Man gibt also
an, wie viel Prozent die *aktuelle* Wertminderung vom Buchwert
des Vorjahres beträgt.

Abschreibungs-
satz

Der Abschreibungssatz j_t gibt an, welcher Anteil vom
Buchwert der Vorperiode in der aktuellen Periode abgeschrieben wird:

$$j_t = \frac{A_t}{K_{t-1}}, \qquad t = 1, 2, \ldots, n.$$

Beispiel 7.2

Im Beispiel 7.1 betragen die Abschreibungssätze:

$$j_1 = A_1/K_0 = 2.000/10.000 = 20,00\%,$$
$$j_2 = A_2/K_1 = 1.500/8.000 \; = 18,75\%,$$
$$j_3 = A_3/K_2 = 1.500/6.500 \; \approx 23,08\%,$$
$$j_4 = A_4/K_3 = 1.500/5.000 \; = 30,00\%,$$
$$j_5 = A_5/K_4 = 1.500/3.500 \; \approx 42,86\%.$$ □

7.1 Lineare Abschreibung

Bei der linearen Abschreibung erfolgt die Abschreibung in konstanten Jahresbeträgen. Die Höhe der Wertminderung eines Wirtschaftgutes ist also über mehrere Jahre hin jeweils gleich.

Beispiel 7.3
Eine Maschine mit den Anschaffungskosten von 10.000 € werde
auf 5 Jahre linear abgeschrieben bis zu einem Schrottwert von
0 €. Die konstante Abschreibung A pro Jahr beträgt also

$$A = \frac{K_0 - K_n}{n} = \frac{10.000 \, € - 0 \, €}{5} = 2.000 \, €.$$

Damit ergeben sich folgende Wertminderungen bzw. Buchwerte im Verlauf der 5 Jahre:

Jahr	Buchwert zu Beginn des Jahres	Abschreibung im Jahr	Buchwert am Ende des Jahres
1	10.000 €	2.000 €	8.000 €
2	8.000 €	2.000 €	6.000 €
3	6.000 €	2.000 €	4.000 €
4	4.000 €	2.000 €	2.000 €
5	2.000 €	2.000 €	0 €

Die Abschreibungen sind konstant 2.000 €. Die Abschreibungssätze sind hingegen *nicht* konstant, sie betragen:

$$j_1 = A/K_0 = 2.000/10.000 = 20,00\%,$$
$$j_2 = A/K_1 = 2.000/8.000 = 25,00\%,$$
$$j_3 = A/K_2 = 2.000/6.000 \approx 33,33\%,$$
$$j_4 = A/K_3 = 2.000/4.000 = 50,00\%,$$
$$j_5 = A/K_4 = 2.000/2.000 = 100,00\%. \qquad \square$$

Die *konstante* Abschreibung A beträgt also bei der einfachsten Abschreibungsart, der linearen Abschreibung,

$$A = (K_0 - K_n)/n,$$

d.h. Anschaffungskosten minus Restwert durch Laufzeit. Die Buchwerte K_t stellen eine um A monoton fallende arithmetische Folge dar mit

$$K_t = K_0 - t \cdot A.$$

Die Abschreibungssätze $j_t = A/K_{t-1}$ sind wiederum monoton wachsend, da der Nenner K_{t-1} immer kleiner wird.

Bei der linearen Abschreibung über n Perioden gilt für $1 \leq t \leq n$:

lineare
Abschreibung

$$A_t = A = constant = \frac{K_0 - K_n}{n},$$

$$K_t = K_0 - t \cdot A,$$

$$j_t = \frac{A}{K_0 - (t-1) \cdot A}.$$

Übung 7.1

Eine Maschine wird für 75.000 € angeschafft. Sie soll auf 5 Jahre linear abgeschrieben werden. Der Schrottwert betrage dann 5.000 €. Geben Sie die Abschreibungen und Buchwerte an sowie alle Abschreibungssätze.

Lösung 7.1

Die konstante Abschreibung berechnet sich zu

$$A = \frac{75.000 \ € - 5.000 \ €}{5} = 14.000 \ €.$$

Es ergibt sich folgender Abschreibungsplan:

Jahr	Buchwert zu Beginn des Jahres	Abschreibung im Jahr	Buchwert am Ende des Jahres
1	75.000 €	14.000 €	61.000 €
2	61.000 €	14.000 €	47.000 €
3	47.000 €	14.000 €	33.000 €
4	33.000 €	14.000 €	19.000 €
5	19.000 €	14.000 €	5.000 €

Die Abschreibungssätze lauten:

$$j_1 = A/K_0 = 14.000/75.000 \approx 18,67\%,$$
$$j_2 = A/K_1 = 14.000/61.000 \approx 22,95\%,$$
$$j_3 = A/K_2 = 14.000/47.000 \approx 29,79\%,$$
$$j_4 = A/K_3 = 14.000/33.000 \approx 42,42\%,$$
$$j_5 = A/K_4 = 14.000/19.000 \approx 73,68\%. \qquad \square$$

Abb. 7.1 zeigt, dass die Buchwerte der Investition alle auf einer Geraden liegen, was die Namensgebung „lineare Abschreibung" erklärt.

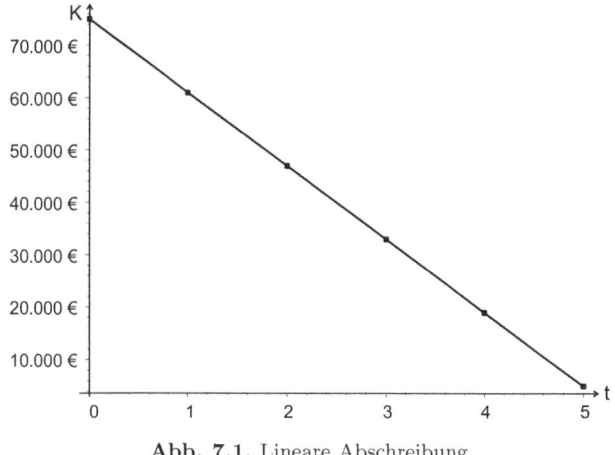

Abb. 7.1. Lineare Abschreibung

7.2 Geometrisch–degressive Abschreibung

Bei der geometrisch–degressiven Abschreibung erfolgt die Ab-schreibung zu konstanten Abschreibungssätzen. Die Höhe der Wertminderung eines Wirtschaftgutes ist dann allerdings nicht konstant, sondern die Abschreibungen sind zu Beginn besonders hoch. Die geometrisch–degressive Abschreibung ist aus diesem Grunde auch besonders beliebt, denn sie erlaubt gleich zu Be-ginn einer Investition hohe Abschreibungen, die das wirtschaft-liche Ergebnis und die aktuelle Steuerlast des Unternehmens stark reduzieren.

Bei konstantem Abschreibungssatz j kann die Abschreibung A_t jeweils aus dem Buchwert der Vorperiode K_{t-1} berechnet werden:

$$A_t = K_{t-1} \cdot j.$$

Der neue Buchwert ergibt sich aus

$$K_t = K_{t-1} - A_t.$$

Beispiel 7.4
Eine Maschine mit den Anschaffungskosten von 10.000 € werde auf 5 Jahre geometrisch–degressiv zu 10% abgeschrieben.

Jahr	Buchwert zu Beginn des Jahres	Abschreibung im Jahr	Buchwert am Ende des Jahres
1	$10.000,00\,€$	$1.000,00\,€$	$9.000,00\,€$
2	$9.000,00\,€$	$900,00\,€$	$8.100,00\,€$
3	$8.100,00\,€$	$810,00\,€$	$7.290,00\,€$
4	$7.290,00\,€$	$729,00\,€$	$6.561,00\,€$
5	$6.561,00\,€$	$656,10\,€$	$5.904,90\,€$

$\square$

Für die Buchwerte und die Abschreibungen bei geometrisch–degressiver Abschreibung können auch Rekursionsformeln hergeleitet werden:

Rekursions-formeln

$$\begin{aligned} K_t &= K_{t-1} - A_t = K_{t-1} - K_{t-1} \cdot j = K_{t-1} \cdot (1-j) \\ &= K_{t-2} \cdot (1-j)^2 = \ldots = K_0 \cdot (1-j)^t, \end{aligned}$$

$$A_t = K_{t-1} \cdot j = K_0 \cdot (1-j)^{t-1} \cdot j = A_1 \cdot (1-j)^{t-1}.$$

Sowohl Abschreibungen als auch Buchwerte bilden eine monoton fallende geometrische Folge — daher auch der Name „geometrisch–degressive Abschreibung".

Wegen $K_n = K_0 \cdot (1-j)^n$ berechnet sich der konstante Abschreibungssatz zu

$$j = 1 - \sqrt[n]{\frac{K_n}{K_0}}.$$

Bei der geometrisch–degressiven Abschreibung über n Perioden gilt für $1 \leq t \leq n$:

geometrisch–degressive Abschreibung

$$j_t = j = constant = \frac{A_t}{K_{t-1}},$$

$$A_t = K_{t-1} \cdot j,$$

$$K_t = K_{t-1} - A_t.$$

Es ergeben sich die Rekursionsformeln:

$$K_t = K_0 \cdot (1-j)^t,$$

$$A_t = K_0 \cdot (1-j)^{t-1} \cdot j = A_1 \cdot (1-j)^{t-1},$$

$$j = 1 - \sqrt[n]{\frac{K_n}{K_0}}.$$

Übung 7.2
Eine Maschine mit den Anschaffungskosten von 75.000 € werde
auf 5 Jahre geometrisch–degressiv bis zu einem Schrottwert von
5.000 € abgeschrieben. Geben Sie den Abschreibungssatz sowie
alle Abschreibungen und Buchwerte an.

Lösung 7.2
Der konstante Abschreibungssatz berechnet sich zu

$$j = 1 - \sqrt[5]{\frac{5.000 \text{ €}}{75.000 \text{ €}}} \approx 0,4181892408.$$

Es ergibt sich folgender Abschreibungsplan:

Jahr	Buchwert zu Beginn des Jahres	Abschreibung im Jahr	Buchwert am Ende des Jahres
1	75.000, 00 €	31.364, 19 €	43.635, 81 €
2	43.635, 81 €	18.248, 03 €	25.387, 78 €
3	25.387, 78 €	10.616, 90 €	14.770, 88 €
4	14.770, 88 €	6.177, 02 €	8.593, 86 €
5	8.593, 86 €	3.593, 86 €	5.000, 00 €

□

Abb. 7.2 zeigt, dass die Buchwerte der Investition alle unterhalb
der Geraden der „linearen Abschreibung" aus Abb. 7.1 liegen.

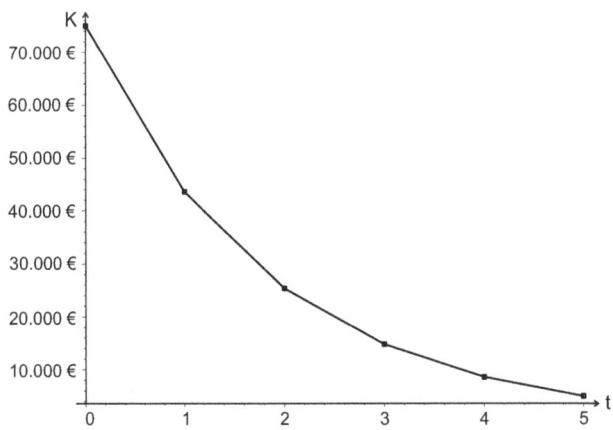

Abb. 7.2. Geometrisch–degressive Abschreibung

7.3 Weitere Arten der Abschreibung

*Es gibt weitere Arten der Abschreibung, etwa die arithmetisch–
degressive, bei der die Abschreibungsbeträge eine monoton fallende arithmetische Folge bilden. Ein Spezialfall davon stellt die
so genannte digitale Abschreibung dar. Daneben existieren di-
verse Typen der progressiven Abschreibung, die allerdings weniger gebräuchlich sind. Schließlich ist auch der Wechsel zwischen
den Abschreibungsarten möglich.*

Wir erläutern die diversen Abschreibungsarten kurz am Beispiel. Wiederum könnten Rekursionsformeln für die Buchwerte
und für die Abschreibungen aufgestellt werden; hier sei aber
auf die Literatur verwiesen.

Bei der arithmetisch–degressiven Abschreibung bilden die
Abschreibungen – wie der Name schon andeutet – eine monoton
fallende arithmetische Folge mit $d > 0$:

$$A_t = A_1 - (t - 1) \cdot d, \quad t = 1, 2, \ldots, n.$$

Da die Differenz zwischen Anschaffungskosten und Schrottwert
gleich der Summe aller Abschreibungen sein muss, d.h.

$$K_0 - K_n = \sum_{t=1}^{n} A_t = \sum_{t=1}^{n} (A_1 - (t - 1)d) = nA_1 - \frac{(n-1)n}{2} \cdot d,$$

hängen A_1 und d über folgende Beziehung zusammen:

$$d = \left(A_1 - \frac{K_0 - K_n}{n} \right) \cdot \frac{2}{n-1}.$$

Insbesondere muss wegen $d > 0$ auch $A_1 > \frac{K_0 - K_n}{n}$ gelten.

arithmetisch–
degressive
Abschreibung

Bei der arithmetisch–degressiven Abschreibung bilden die
Abschreibungen eine monoton fallende arithmetische Folge:
$$A_t = A_1 - (t - 1) \cdot d, \quad t = 1, 2, \ldots, n.$$

Die Größen A_1 und d hängen dabei über folgende Beziehung zusammen:

$$d = \left(A_1 - \frac{K_0 - K_n}{n} \right) \cdot \frac{2}{n-1} > 0.$$

Beispiel 7.5
Eine Maschine mit den Anschaffungskosten von 75.000 € werde
auf 5 Jahre arithmetisch–degressiv bis zu einem Schrottwert
von 5.000 € abgeschrieben.
Wählt man als 1.Abschreibung $A_1 = 20.000$ €, so ergibt sich

$$d = \left(20.000\,€ - \frac{75.000\,€ - 5.000\,€}{5}\right) \cdot \frac{2}{4} = 3.000\,€.$$

Man erhält damit die arithmetische Folge

$$A_t = 20.000\,€ - (t-1) \cdot 3.000\,€, \quad t = 1,2,3,4,5,$$

und den Abschreibungsplan

Jahr	Buchwert zu Beginn des Jahres	Abschreibung im Jahr	Buchwert am Ende des Jahres
1	75.000,00 €	20.000,00 €	55.000,00 €
2	55.000,00 €	17.000,00 €	38.000,00 €
3	38.000,00 €	14.000,00 €	24.000,00 €
4	24.000,00 €	11.000,00 €	13.000,00 €
5	13.000,00 €	8.000,00 €	5.000,00 €

□

Übung 7.3
Wiederum werde eine Maschine mit den Anschaffungskosten
von 75.000 € auf 5 Jahre arithmetisch–degressiv bis zu einem Schrottwert von 5.000 € abgeschrieben. Dabei sei $A_1 =$
25.000 € gewählt. Erstellen Sie den Abschreibungsplan!

Lösung 7.3
Für $A_1 = 25.000$ € ergibt sich

$$d = \left(25.000\,€ - \frac{75.000\,€ - 5.000\,€}{5}\right) \cdot \frac{2}{4} = 5.500\,€$$

und damit die arithmetische Folge

$$A_t = 25.000\,€ - (t-1) \cdot 5.500\,€, \quad t = 1,2,3,4,5.$$

Der Abschreibungsplan lautet:

Jahr	Buchwert zu Beginn des Jahres	Abschreibung im Jahr	Buchwert am Ende des Jahres
1	75.000,00 €	25.000,00 €	50.000,00 €
2	50.000,00 €	19.500,00 €	30.500,00 €
3	30.500,00 €	14.000,00 €	16.500,00 €
4	16.500,00 €	8.500,00 €	8.000,00 €
5	8.000,00 €	3.000,00 €	5.000,00 €

Ein wichtiger Spezialfall der arithmetisch–degressiven Abschreibung ist die digitale Abschreibung. Hier fordert man zusätzlich: Die letzte Abschreibung A_n ist gleich dem Abnahmebetrag d, d.h. $d = A_n$. Daraus folgt wegen $A_n = A_1 - (n-1) \cdot d$ auch $n \cdot d = A_1$ bzw. $d = \frac{A_1}{n}$.

Aus den beiden Gleichungen für d

$$d = \left(A_1 - \frac{K_0 - K_n}{n} \right) \cdot \frac{2}{n-1}$$

und

$$d = \frac{A_1}{n}$$

erhält man durch Gleichsetzen und Auflösen nach A_1:

$$A_1 = \frac{2(K_0 - K_n)}{n+1}.$$

digitale
Abschreibung

Die digitale Abschreibung ist ein Spezialfall der arithmetisch–degressiven Abschreibung. Wie bei der arithmetisch–degressiven Abschreibung bilden die Abschreibungen eine monoton fallende arithmetische Folge:

$$A_t = A_1 - (t-1) \cdot d, \quad t = 1, 2, \ldots, n.$$

Zusätzlich fordert man: Die letzte Abschreibung A_n muss gleich dem Abnahmebetrag d sein, d.h.

$$d = A_n \quad \text{bzw.} \quad d = \frac{A_1}{n}.$$

Die erste Abschreibung A_1 berechnet sich dann zu

$$A_1 = \frac{2(K_0 - K_n)}{n+1}.$$

Beispiel 7.6

Eine Maschine mit den Anschaffungskosten von $75.000 \,€$ werde auf 5 Jahre arithmetisch–degressiv bis zu einem Schrottwert von $5.000 \,€$ abgeschrieben. Bei der digitalen Abschreibung muss man A_1 wie folgt wählen:

$$A_1 = \frac{2(K_0 - K_n)}{n+1} = \frac{2(75.000 \,€ - 5.000 \,€)}{5 + 1} = 23.333,33 \,€.$$

Die Differenz d berechnet sich dann zu

$$d = \frac{A_1}{n} = \frac{23.333,33 \text{ €}}{5} = 4.666,67 \text{ €}.$$

Bei der digitalen Abschreibung muss man also als arithmetische Folge wählen:

$$A_t = 23.333,33 \text{ €} - (t-1) \cdot 4.666,67 \text{ €}, \quad t = 1, 2, 3, 4, 5.$$

Man erhält dann den Abschreibungsplan

Jahr	Buchwert zu Beginn des Jahres	Abschreibung im Jahr	Buchwert am Ende des Jahres
1	75.000,00 €	23.333,33 €	51.666,67 €
2	51.666,67 €	18.666,67 €	33.000,00 €
3	33.000,00 €	14.000,00 €	19.000,00 €
4	19.000,00 €	9.333,33 €	9.666,67 €
5	9.666,67 €	4.666,67 €	5.000,00 €

Den exakten Schrottwert erhält man in diesem Beispiel nur, wenn man mit einer sehr hohen Anzahl von Nachkommastellen rechnet (hier z.B. mit einem Computeralgebra-Programm und 20 Nachkommastellen); ansonsten (z.B. mit dem Taschenrechner oder mit Excel) ergeben sich Rundungsfehler im Cent-Bereich. □

Abb. 7.3 zeigt, dass die Buchwerte der Investition bei allen drei berechneten Abschreibungsplänen für arithmetisch–degressive Abschreibung unterhalb der Geraden der „linearen Abschreibung" aus Abb. 7.1 liegen. Die mittlere der Kurven stellt den Spezialfall der digitalen Abschreibung dar.

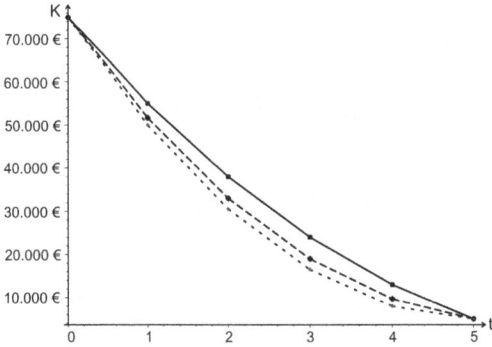

Abb. 7.3. Arithmetisch–degressive Abschreibungen

Analog zur arithmetisch–degressiven Abschreibung kann man auch anstelle einer monoton *fallenden* arithmetischen Folge eine monoton *wachsende* arithmetische Folge wählen. Die entsprechende Abschreibungsart heißt arithmetisch–progressive Abschreibung und wird durch analoge Formeln beschrieben:

arithmetisch–
progressive
Abschreibung

Bei der arithmetisch–progressiven Abschreibung bilden die Abschreibungen eine monoton wachsende arithmetische Folge:

$$A_t = A_1 + (t - 1) \cdot d, \quad t = 1, 2, \ldots, n.$$

Die Größen A_1 und d hängen dabei über folgende Beziehung zusammen:

$$d = \left(\frac{K_0 - K_n}{n} - A_1 \right) \cdot \frac{2}{n - 1} > 0.$$

Beispiel 7.7

Eine Maschine mit den Anschaffungskosten von 75.000 € werde auf 5 Jahre arithmetisch–progressiv bis zu einem Schrottwert von 5.000 € abgeschrieben. Die 1.Abschreibung betrage $A_1 = 8.000$ €. Der Differenzbetrag d der Abschreibungen berechnet sich dann zu

$$d = \left(\frac{75.000 \,€ - 5.000 \,€}{5} - 8.000 \,€ \right) \cdot \frac{2}{4} = 3.000 \,€$$

und man erhält die arithmetische Folge

$$A_t = 8.000 \,€ + (t - 1) \cdot 3.000 \,€, \quad t = 1, 2, 3, 4, 5.$$

Der Abschreibungsplan berechnet sich zu

Jahr	Buchwert zu Beginn des Jahres	Abschreibung im Jahr	Buchwert am Ende des Jahres
1	75.000, 00 €	8.000, 00 €	67.000, 00 €
2	67.000, 00 €	11.000, 00 €	56.000, 00 €
3	56.000, 00 €	14.000, 00 €	42.000, 00 €
4	42.000, 00 €	17.000, 00 €	25.000, 00 €
5	25.000, 00 €	20.000, 00 €	5.000, 00 €

Beachte: Bei dieser Rechnung wurden die identischen Abschreibungen wie in Bsp. 7.5 gewählt, allerdings hier in aufsteigender Folge.   □

Wenn man die arithmetisch–progressive Abschreibung mit der arithmetisch–degressiven (s. Abb. 7.4) vergleicht, so erkennt man, dass die Buchwerte der Investition bei arithmetisch–

degressiver Abschreibung unterhalb der Geraden der „linearen Abschreibung" aus Abb. 7.1 liegen, bei arithmetisch–progressiver oberhalb.

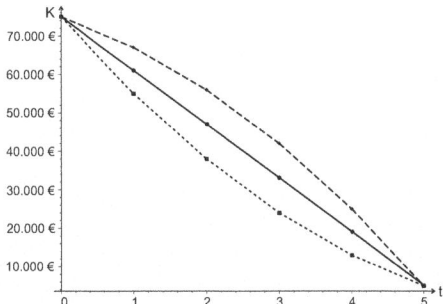

Abb. 7.4. Arithmetisch–degressive versus arithmetisch–progressive versus lineare Abschreibung

Das gleiche gilt natürlich auch beim Vergleich von geometrisch–degressiver mit geometrisch–progressiver Abschreibung.
Zuletzt sei noch erwähnt, dass auch die Möglichkeit besteht, zwischen den einzelnen Abschreibungsarten zu wechseln.

7.4 Zusammenfassung: Abschreibung

Wichtige Begriffe bei Abschreibungen:

Anschaffungskosten K_0

Laufzeit n

Abschreibung im t-ten Jahr A_t, $1 \leq t \leq n$

Buchwert nach t Jahren K_t

Schrottwert am Ende der Laufzeit K_n

Abschreibungssatz in der t-ten Periode j_t

Es gelten die folgenden Beziehungen:

$$K_t = K_{t-1} - A_t,$$

und

$$j_t = \frac{A_t}{K_{t-1}}.$$

Lineare Abschreibung:

$$A_t = A = constant = \frac{K_0 - K_n}{n},$$

$$K_t = K_0 - t \cdot A,$$

$$j_t = \frac{A}{K_0 - (t-1) \cdot A}.$$

Geometrisch–degressive Abschreibung:

$$j_t = j = constant = \frac{A_t}{K_{t-1}},$$

$$A_t = K_{t-1} \cdot j,$$

$$K_t = K_{t-1} - A_t.$$

Es ergeben sich die Rekursionsformeln:

$$K_t = K_0 \cdot (1-j)^t,$$

$$A_t = K_0 \cdot (1-j)^{t-1} \cdot j = A_1 \cdot (1-j)^{t-1},$$

$$j = 1 - \sqrt[n]{\frac{K_n}{K_0}}.$$

Arithmisch–degressive Abschreibung:

$$A_t = A_1 - (t - 1) \cdot d, \quad t = 1, 2, \ldots, n$$

mit $d = \left(A_1 - \frac{K_0 - K_n}{n}\right) \cdot \frac{2}{n-1} > 0.$

Digitale Abschreibung:
(Spezialfall der arithmisch–degressiven Abschreibung)

$$A_t = A_1 - (t - 1) \cdot d, \quad t = 1, 2, \ldots, n,$$

mit $A_1 = \frac{2(K_0 - K_n)}{n+1}$ und $d = \frac{A_1}{n}.$

Arithmisch–progressive Abschreibung:

$$A_t = A_1 + (t - 1) \cdot d, \quad t = 1, 2, \ldots, n$$

mit $d = \left(\frac{K_0 - K_n}{n} - A_1\right) \cdot \frac{2}{n-1} > 0.$

Verschiedene Abschreibungsarten:

- **Lineare Abschreibung**
  Die Abschreibungsbeträge sind konstant.
- **Degressive Abschreibung**
  Die Abschreibungsbeträge bilden eine fallende Folge.
- **Geometrisch–degressive Abschreibung**
  Die Abschreibungsbeträge bilden eine fallende geometrische Folge.
- **Arithmetisch–degressive Abschreibung**
  Die Abschreibungsbeträge bilden eine fallende arithmetische Folge.
  (Spezialfall: digitale Abschreibung)
- **Degressive Abschreibung in Staffelbeträgen**
  Die Abschreibungsbeträge fallen nach einem festgelegten Schema.
- **Progressive Abschreibung**
  Die Abschreibungsbeträge steigen von Jahr zu Jahr.
  (auch hier: geometrisch–progressive Abschreibung, arithmetisch–progressive Abschreibung)
- **Wechsel der Abschreibung**
  etwa von geometrisch–degressiver auf lineare Abschreibung

7.5 Summary: Depreciation

Definitions:
Abschreibung	depreciation, write-down, write-off, amortisation
Anschaffungskosten	purchase cost, cost of the asset, cost price, cost of acquisition, historical costs
Laufzeit	the assets's useful economic life
Abschreibung im t-ten Jahr	depreciation expense in the t-th year
Buchwert nach t Jahren	book value after t years
Schrottwert	salvage value, net asset value
Abschreibungssatz	depreciation rate, recovery allowance percentage

---

Depreciation methods:
- **Lineare Abschreibung**
  straight-line depreciation, linear depreciation
- **Degressive Abschreibung**
  degressive depreciation,
  declining balance depreciation, diminishing balance depreciation,
  depreciation that allows higher tax reduction in early years and lower reductions later
- **Arithmetische/geometrische/digitale Abschreibung**
  arithmetical/geometrical/digital depreciation
- **US-spezifische Abschreibung**
  „Modified Accelerated Cost Recovery System (MACRS)"

Linear depreciation:
Purchase cost K_0, an useful economic life of n years and salvage value K_n given, linear depreciation is characterized by constant annual write-off.
Write-off A_t, book value K_t and depreciation rate j_t in the t-th year are calculated by

$$A_t = A = constant = \frac{K_0 - K_n}{n},$$

$$K_t = K_0 - t \cdot A,$$

$$j_t = \frac{A}{K_0 - (t-1) \cdot A}.$$

7.6 Übungsaufgaben

Abschreibungen

1.) Ein Wirtschaftsgut im Wert von 1 Million € wird über 25 Jahre zu jährlich 3% der Anschaffungskosten abgeschrieben. Im ersten Jahr erfolgt zusätzlich eine Sonderabschreibung von 20% der Anschaffungskosten. Wie lauten die Buchwerte zu Beginn und am Ende des 15.Jahres? Wie hoch ist die Abschreibung im 15.Jahr? Wie lautet der Abschreibungssatz im 15.Jahr? Wie hoch ist der Schrottwert?

2.) Zeigen Sie:

$$j_n = 1 \iff A_n = K_{n-1} \iff K_n = 0$$

Was bedeutet das anschaulich?

Lineare Abschreibung

1.) Ein Wirtschaftsgut mit den Anschaffungskosten von 250.000 € werde auf 6 Jahre linear abgeschrieben. Die konstante Abschreibung betrage 40.000 €. Stellen Sie den Abschreibungsplan (Tabelle) auf.

2.) Ein Wirtschaftsgut mit den Anschaffungskosten von 17.000 € werde auf 4 Jahre linear abgeschrieben. Der Schrottwert betrage 500 €. Stellen Sie den Abschreibungsplan (Tabelle) auf.

Geometrisch–degressive Abschreibung

1.) Ein Wirtschaftsgut mit den Anschaffungskosten von 250.000 € werde auf 6 Jahre geometrisch–degressiv abgeschrieben. Der konstante Abschreibungssatz betrage 40%. Stellen Sie den Abschreibungsplan (Tabelle) auf.

2.) Ein Wirtschaftsgut mit den Anschaffungskosten von 17.000 € werde auf 4 Jahre geometrisch–degressiv abgeschrieben. Der Schrottwert betrage 500 €. Stellen Sie den Abschreibungsplan (Tabelle) auf.

Weitere Arten der Abschreibung

1.) Ein Wirtschaftsgut mit den Anschaffungskosten von 17.000 € werde auf 4 Jahre arithmetisch–degressiv abgeschrieben. Der Schrottwert betrage 500 €. Man wähle als 1.Abschreibung $A_1 = 5.000$ €. Stellen Sie den Abschreibungsplan auf.

2.) Ein Wirtschaftsgut mit den Anschaffungskosten von 17.000 € werde auf 4 Jahre digital abgeschrieben. Der Schrottwert betrage 500 €. Stellen Sie den Abschreibungsplan auf.

3.) Ein Wirtschaftsgut mit den Anschaffungskosten von 17.000 € werde auf 4 Jahre arithmetisch–progressiv abgeschrieben. Der Schrottwert betrage 500 €. Man wähle als 1.Abschreibung $A_1 = 4.000\,\text{€}$. Stellen Sie den Abschreibungsplan auf.

4.) Bei der arithmetisch–degressiven Abschreibung gilt $A_1 > \frac{K_0 - K_n}{n}$, bei der arithmetisch–progressiven Abschreibung gilt $A_1 < \frac{K_0 - K_n}{n}$. Welche Art der Abschreibung liegt vor bei $A_1 = \frac{K_0 - K_n}{n}$?

7.7 Lösungen

Abschreibungen

1.) Die Buchwerte K_t berechnen sich für $t = 1, 2, \ldots, 25$ zu

$$K_t = K_0 - 0,2 \cdot K_0 - t \cdot 0,03 \cdot K_0 = (0,8 - t \cdot 0,03) \cdot 1.000.000\,\text{€}.$$

Also ergibt sich im 15.Jahr:

$$
\begin{aligned}
K_{14} &= (0,8 - 14 \cdot 0,03) \cdot 1.000.000\,\text{€} = 380.000\,\text{€}, \\
A_{14} &= 30.000\,\text{€}, \\
K_{15} &= 380.000\,\text{€} - 30.000\,\text{€} = 350.000\,\text{€}, \\
j_{15} &= A_{15}/K_{14} = 30.000/380.000 \approx 0,0789474, \\
K_{25} &= (0,8 - 25 \cdot 0,03) \cdot 1.000.000\,\text{€} = 50.000\,\text{€}.
\end{aligned}
$$

Jahr	Buchwert zu Beginn des Jahres	Abschreibung im Jahr	Buchwert am Ende des Jahres
1	1.000.000 €	230.000 €	770.000 €
2	770.000 €	30.000 €	740.000 €
3	740.000 €	30.000 €	710.000 €
4	710.000 €	30.000 €	680.000 €
...	...	...	...
15	380.000 €	30.000 €	350.000 €
...	...	...	...
25	80.000 €	30.000 €	50.000 €

2.) Es gilt:

$$j_n = \frac{A_n}{K_{n-1}} \overset{!}{=} 1 \iff A_n \overset{!}{=} K_{n-1} \iff K_n = K_{n-1} - A_n \overset{!}{=} 0$$

Dies bedeutet: Der Schrottwert ist genau dann gleich 0, wenn zur letzten Abschreibungsperiode der gesamte Restwert K_{n-1} abgeschrieben wird, wenn somit der letzte Abschreibungssatz gleich 1 ist.

Lineare Abschreibung

1.) Der Abschreibungsplan lautet:

Jahr	Buchwert zu Beginn des Jahres	Abschreibung im Jahr	Buchwert am Ende des Jahres
1	250.000 €	40.000 €	210.000 €
2	210.000 €	40.000 €	170.000 €
3	170.000 €	40.000 €	130.000 €
4	130.000 €	40.000 €	90.000 €
5	90.000 €	40.000 €	50.000 €
6	50.000 €	40.000 €	10.000 €

2.) Die konstante Abschreibung berechnet sich zu

$$A = \frac{17.000 \text{ €} - 500 \text{ €}}{4} = 4.125 \text{ €}.$$

Der Abschreibungsplan lautet:

Jahr	Buchwert zu Beginn des Jahres	Abschreibung im Jahr	Buchwert des am Ende des Jahres
1	17.000 €	4.125 €	12.875 €
2	12.875 €	4.125 €	8.750 €
3	8.750 €	4.125 €	4.625 €
4	4.625 €	4.125 €	500 €

Geometrisch–degressive Abschreibung

1.) Der Abschreibungsplan lautet:

Jahr	Buchwert zu Beginn des Jahres	Abschreibung im Jahr	Buchwert am Ende des Jahres
1	250.000 €	100.000 €	150.000 €
2	150.000 €	60.000 €	90.000 €
3	90.000 €	36.000 €	54.000 €
4	54.000 €	21.600 €	32.400 €
5	32.400 €	12.960 €	19.440 €
6	19.440 €	7.776 €	11.664 €

2.) Der konstante Abschreibungssatz berechnet sich zu

$$j = 1 - \sqrt[4]{\frac{500 \text{ €}}{17.000 \text{ €}}} \approx 0,5858761234.$$

Der Abschreibungsplan lautet:

Jahr	Buchwert zu Beginn des Jahres	Abschreibung im Jahr	Buchwert am Ende des Jahres
1	17.000,00 €	9.959,89 €	7.040,11 €
2	7.040,11 €	4.124,63 €	2.915,48 €
3	2.915,48 €	1.708,11 €	1.207,37 €
4	1.207,37 €	707,37 €	500,00 €

Weitere Arten der Abschreibung

1.) Wählt man als 1.Abschreibung $A_1 = 5.000$ €, so ergibt sich

$$d = \left(5.000 \text{ €} - \frac{17.000 \text{ €} - 500 \text{ €}}{4}\right) \cdot \frac{2}{3} = 583,33 \text{ €}.$$

Man erhält die arithmetisch–degressive Folge der Abschreibungen

$$A_t = 5.000 \text{ €} - (t - 1) \cdot 583,33 \text{ €}, \quad t = 1, 2, 3, 4.$$

Der Abschreibungsplan lautet:

Jahr	Buchwert zu Beginn des Jahres	Abschreibung im Jahr	Buchwert am Ende des Jahres
1	17.000,00 €	5.000,00 €	12.000,00 €
2	12.000,00 €	4.416,67 €	7.583,33 €
3	7.583,33 €	3.833,33 €	3.750,00 €
4	3.750,00 €	3.250,00 €	500,00 €

2.) Bei der digitalen Abschreibung muss man A_1 wie folgt wählen:

$$A_1 = \frac{2(K_0 - K_n)}{n + 1} = \frac{2(17.000 \text{ €} - 500 \text{ €})}{4 + 1} = 6.600 \text{ €}.$$

Die Differenz d berechnet sich dann zu

$$d = \frac{A_1}{n} = \frac{6.600 \text{ €}}{4} = 1.650 \text{ €}.$$

Man erhält die digitale Folge der Abschreibungen

$$A_t = 6.600 \text{ €} - (t - 1) \cdot 1.650 \text{ €}, \quad t = 1, 2, 3, 4.$$

Der Abschreibungsplan lautet:

Jahr	Buchwert zu Beginn des Jahres	Abschreibung im Jahr	Buchwert am Ende des Jahres
1	17.000,00 €	6.600,00 €	10.400,00 €
2	10.400,00 €	4.950,00 €	5.450,00 €
3	5.450,00 €	3.300,00 €	2.150,00 €
4	2.150,00 €	1.650,00 €	500,00 €

3.) Wählt man als 1.Abschreibung $A_1 = 4.000\,€$, so ergibt sich

$$d = \left(\frac{17.000\,€ - 500\,€}{4} - 4.000\,€ \right) \cdot \frac{2}{3} = 83,33\,€.$$

Man erhält die arithmetisch–progressive Folge der Abschreibungen

$$A_t = 4.000\,€ + (t - 1) \cdot 83,33\,€, \quad t = 1, 2, 3, 4.$$

Der Abschreibungsplan lautet:

Jahr	Buchwert zu Beginn des Jahres	Abschreibung im Jahr	Buchwert am Ende des Jahres
1	$17.000,00\,€$	$4.000,00\,€$	$13.000,00\,€$
2	$13.000,00\,€$	$4.083,33\,€$	$8.916,67\,€$
3	$8.916,67\,€$	$4.166,67\,€$	$4.750,00\,€$
4	$4.750,00\,€$	$4.250,00\,€$	$500,00\,€$

4.) Für $A_1 = \frac{K_0 - K_n}{n}$ ergibt sich $d = 0$. Aus $A_t = A_1 \pm (t - 1) \cdot d$ folgt dann $A_t = A_1$. Also liegt lineare Abschreibung vor.

7.8 Klausur

Aufgabe 1: (6 Punkte)
Ein Wirtschaftsgut mit einem Neuwert von $25.000\,€$ wird in 8 Jahren auf einen Schrottwert von $2.000\,€$ abgeschrieben. Die Abschreibung erfolgt **linear**.
Wie hoch ist der jährliche Abschreibungsbetrag?
Wie groß ist der Restwert nach 5 Jahren?
Wie hoch ist der Abschreibungssatz im 6.Jahr?

Aufgabe 2: (6 Punkte)
Ein Wirtschaftsgut mit einem Neuwert von $25.000\,€$ wird in 8 Jahren auf einen Schrottwert von $2.000\,€$ abgeschrieben. Die Abschreibung erfolgt **geometrisch–degressiv**.
Wie hoch ist der jährliche Abschreibungssatz?
Wie groß ist der Restwert nach 5 Jahren?
Wie hoch ist der Abschreibungsbetrag im 6.Jahr?

Aufgabe 3: (4 Punkte)

Ein Wirtschaftsgut mit einem Neuwert von 25.000 € wird in 8 Jahren auf einen Schrottwert von 2.000 € abgeschrieben.

Welche Kurve stellt die lineare Abschreibung dar?

Welcher Kurve entspricht die geometrisch–degressive Abschreibung?

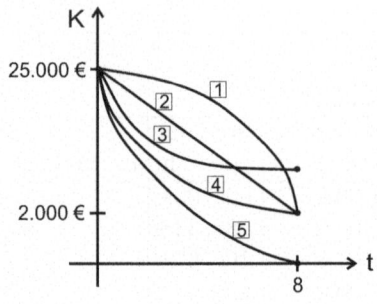

Aufgabe 4: (3 Punkte)

Ein Wirtschaftsgut mit Anschaffungskosten von 150.000 € wird gekauft. Es soll mittels **geometrisch–degressiver** Abschreibung abgeschrieben werden. Im zweiten Jahr beträgt der Abschreibungsbetrag 13.500 €.

Stellen Sie die Gleichung zur Berechnung des Abschreibungssatzes j auf!

Aufgabe 5: (4 Punkte)

Ein Wirtschaftsgut mit einem Neuwert von 25.000 € wird in 8 Jahren auf einen Schrottwert von 2.000 € abgeschrieben. Die Abschreibung erfolgt **arithmetisch–degressiv**. Die erste Abschreibung betrage 4.000 €.

Wie hoch ist die Abschreibung im 2.Jahr?

Wie hoch ist die Abschreibung im 8.Jahr?

Aufgabe 6: (4 Punkte)

Ein Wirtschaftsgut mit einem Neuwert von 25.000 € wird in 8 Jahren auf einen Schrottwert von 2.000 € abgeschrieben. Die Abschreibung erfolgt **digital**.

Wie hoch ist die Abschreibung im 2.Jahr?

Wie hoch ist die Abschreibung im 8.Jahr?

7.9 Lösungen zur Klausur

Aufgabe 1: (6 Punkte)
Der jährliche Abschreibungsbetrag hat eine Höhe von

$$A = \frac{K_0 - K_8}{8} = \frac{25.000 \; € - 2.000 \; €}{8} = 2.875 \; €.$$

Der Restwert nach 5 Jahren beträgt

$$K_5 = K_0 - 5 \cdot A = 25.000 \; € - 5 \cdot 2.875 \; € = 10.625 \; €.$$

Der Abschreibungssatz im 6. Jahr beträgt

$$j_6 = \frac{A}{K_5} = \frac{2.875 \; €}{10.625 \; €} \approx 27,0588\%.$$

Aufgabe 2: (6 Punkte)
Der jährliche Abschreibungssatz hat eine Höhe von

$$j = 1 - \sqrt[8]{\frac{2.000 \; €}{25.000 \; €}} = 1 - \sqrt[8]{0,08} \approx 27,07335\%.$$

Der Restwert nach 5 Jahren beträgt

$$K_5 = K_0 \cdot (1 - j)^5 = 25.000 \; € \cdot \sqrt[8]{0,08}^5 = 5.156,69 \; €.$$

Der Abschreibungsbetrag im 6.Jahr beträgt

$$A_6 = K_5 \cdot j = 5.156,69 \; € \cdot 0,2707335 = 1.396,09 \; €.$$

Aufgabe 3: (4 Punkte)
Ein Wirtschaftsgut mit einem Neuwert von 25.000 € wird in 8 Jahren auf einen Schrottwert von 2.000 € abgeschrieben.
Die lineare Abschreibung entspricht Kurve 2.
Die geometrisch–degressive Abschreibung entspricht Kurve 4.

Aufgabe 4: (3 Punkte)
Die Gleichung zur Berechnung des Abschreibungssatzes j lautet:

$$A_2 = K_0 \cdot (1 - j) \cdot j \quad \text{d.h.} \quad 13.500 \; € = 150.000 \; € \cdot (1 - j) \cdot j.$$

(Lösungen dieser Gleichung sind übrigens $j = 0,1$ und $j = 0,9$.)

Aufgabe 5: (4 Punkte)
Der Differenzbetrag d der arithmetischen Folge berechnet sich zu

$$d = \left(A_1 - \frac{K_0 - K_n}{n}\right) \cdot \frac{2}{n-1} = \left(4.000 \ € - \frac{25.000 \ € - 2.000 \ €}{8}\right) \cdot \frac{2}{7} = 321,43 \ €.$$

Die Abschreibung im 2.Jahr beträgt

$$A_2 = A_1 - d = 4.000 \ € - 321,43 \ € = 3.678,57 \ €.$$

Die Abschreibung im 8.Jahr beträgt

$$A_8 = A_1 - 7 \cdot d = 4.000 \ € - 7 \cdot 321,43 \ € = 1.749,99 \ €.$$

Aufgabe 6: (4 Punkte)
Die erste Abschreibung A_1 berechnet sich zu

$$A_1 = \frac{2 \cdot (K_0 - K_n)}{n+1} = \frac{2 \cdot (25.000 \ € - 2.000 \ €)}{9} = 5.111,11 \ €.$$

Der Differenzbetrag d der arithmetischen Folge berechnet sich zu

$$d = \frac{A_1}{n} = \frac{5.111,11 \ €}{8} = 638,89 \ €.$$

Die Abschreibung im 2.Jahr beträgt

$$A_2 = A_1 - d = 5.111,11 \ € - 638,89 \ € = 4472,22 \ €.$$

Die Abschreibung im 8.Jahr beträgt

$$A_8 = A_1 - 7 \cdot d = 5.111,11 \ € - 7 \cdot 638,89 \ € = 638,88 \ €;$$

sie ist (bis auf Rundungsfehler) gleich d.

Kapitel 8
Anhang

Im Anhang sollen einige mathematische Hilfsmittel, die wir im Lehrbuch benutzen, etwas ausführlicher erklärt werden. Wichtige mathematische Begriffe und Methoden in der Finanzmathematik sind dabei insbesondere arithmetische und geometrische Folgen und Summen sowie numerische Verfahren zur Lösung nichtlinearer Gleichungen.

8.1 Arithmetische und geometrische Folgen und Summen

In der Zinsrechnung lernen wir bei linearer Verzinsung und bei exponentieller Verzinsung, wie das Anfangskapital über die Jahre hin anwächst. Mathematisch gesehen liegen hier arithmetische und geometrische Folgen vor. Bei der Rentenrechnung werden zusätzlich die Rentenzahlungen zu verschiedenen Zeitpunkten auf- bzw. abgezinst und aufsummiert. In der Mathematik spricht man hier von arithmetischen und geometrischen Summen.

Bei linearer Verzinsung wird bekanntlich nur das ursprüngliche Kapital, nicht aber die angefallenen Zinsen, verzinst:

$$K_t = K_0 \cdot (1 + t \cdot i), \qquad t = 0, 1, 2, 3 \dots .$$

Kapital bei linearer Verzinsung

Z.B. berechnet sich bei einem Anfangskapital von 10.000 € und einem Zinssatz von $i = 3\%$ das Kapital K_t nach $t = 1, 2, 3, \dots$ Jahren zu 10.300 €, 10.600 €, 10.900 €, ... Es fällt auf, dass der Abstand zwischen diesen Zahlen konstant ist (hier nämlich 300 €). Man spricht in solchen Fällen von arithmetischen Folgen.

Eine Zahlenfolge (a_t) heißt arithmetische Folge, falls die Differenz k benachbarter Elemente konstant ist, d.h.

$$a_{t+1} - a_t = k.$$

Arithmetische Folgen besitzen ein einfaches Bildungsgesetz:

$$a_t = a_0 + t \cdot k.$$

arithmetische
Folgen

Bei arithmetischen Folgen (a_t) ist der arithmetische Mittelwert der Folgenglieder a_{t-1} und a_{t+1} gleich a_t:

arithmetischer
Mittelwert

$$a_t = \frac{a_{t-1} + a_{t+1}}{2}.$$

Bei exponentieller Verzinsung wird bekanntlich nicht nur das ursprüngliche Kapital, sondern auch die angefallenen Zinsen weiter verzinst:

Kapital bei
exponentieller
Verzinsung

$$K_t = K_0 \cdot (1 + i)^t = K_0 \cdot q^t, \qquad t = 0, 1, 2, 3 \ldots$$

Man spricht auch von Zinseszinsen. Z.B. berechnet sich bei einem Anfangskapital von $10.000 \, €$ und einem Zinssatz von $i = 3\%$ das Kapital K_t nach $t = 1, 2, 3, \ldots$ Jahren zu $10.300 \, €$, $10.609 \, €$, $10.927,27 \, €$, $\ldots$. In diesem Fall ist der Faktor zwischen diesen Zahlen konstant (hier nämlich $1,03$). Man spricht von geometrischen Folgen.

Eine Zahlenfolge (a_t) heißt geometrische Folge, falls der Quotient q benachbarter Elemente konstant ist, d.h.

geometrische
Folgen

$$\frac{a_{t+1}}{a_t} = q.$$

Bei der geometrischen Folge ist natürlich $a_t \neq 0$ für alle $t \in I\!N$ erforderlich.
Geometrische Folgen besitzen ein einfaches Bildungsgesetz:

$$a_t = a_0 \cdot q^t.$$

geometrischer
Mittelwert

Bei geometrischen Folgen (a_t) mit positiven Folgengliedern ist der geometrische Mittelwert der Folgenglieder a_{t-1} und a_{t+1} gleich a_t:

$$a_t = \sqrt{a_{t-1} \cdot a_{t+1}}.$$

Ein bekanntes Beispiel einer arithmetischen Summe ist die Summe aller Zahlen zwischen 1 und 100: Angeblich hat Gauss in ganz jungen Jahren diese Summe berechnet, indem er immer zwei Summanden (1+100, 2+99, 3+98, ..., 49+52, 50+51) zur gleichen Summe (nämlich 101) zusammenfasste. Insgesamt erhielt er also $50 \cdot 101 = 5050$. Mit diesem Trick lässt sich allgemein die Summe der natürlichen Zahlen von 1 bis n berechnen:

Für die Summe aller Zahlen zwischen 1 und n ergibt sich die Formel

$$1 + 2 + \ldots + (n-1) + n = \sum_{i=1}^{n} i = \frac{n(n+1)}{2}.$$

wichtige arithmetische Summe

Derartige Summen treten in der Finanzmathematik etwa bei der Zusammenfassung von Termen (aus der linearen Verzinsung) zur Berechnung von Ersatzrenten auf.

Eine weitere wichtige Summe tritt ebenfalls in der Rentenrechnung auf: Hier werden identische Zahlungen (Annuitäten A) zu verschiedenen Zeitpunkten geleistet. Will man etwa den Rentenendwert berechnen, so sind alle diese Zahlungen entsprechend aufzuzinsen (A, $A \cdot q$, $A \cdot q^2$, etc.). Wir wollen nun die unbekannte Summe S der Faktoren 1, q, q^2 etc. bis q^n berechnen:

$$S = 1 + q^1 + q^2 + \ldots + q^n.$$

Multiplikation der Formel mit q liefert

$$S \cdot q = q^1 + q^2 + q^3 + \ldots + q^{n+1}.$$

Wenn man die erste Formel von der zweiten abzieht, so erhält man

$$S \cdot q - S = q^{n+1} - 1.$$

Division durch $q - 1 \neq 0$ liefert den Wert S und damit die bekannte Formel aus der Rentenrechnung:

Für die Summe der Potenzen q^0, q^1, q^2 bis q^n gilt (mit $q \neq 1$) die Formel

$$1 + q^1 + q^2 + \ldots + q^n = \frac{q^{n+1} - 1}{q - 1}.$$

wichtige geometrische Summe

8.2 Numerische Lösung nichtlinearer Gleichungen

In der Finanzmathematik treten häufig Polynome auf, deren Nullstellen zu berechnen sind. Hier kann man oft nicht direkt die Lösung bestimmen, sondern muss ein numerisches Verfahren zur näherungsweisen Berechnung einsetzen. Besonders gebräuchlich sind dabei das Newton-Verfahren und das Sekantenverfahren.

Polynome höheren Grades in der Rentenrechnung

Bei der Effektivzinsberechnung und bei Zinssatzermittlungen in der Rentenrechnung (Zinssatz i bzw. Zinsfaktor $q = 1+i$) treten häufig Polynome höheren Grades auf, deren Nullstellen gesucht sind. Man kann hier nicht die für Polynome 2.Grades aus der Schule bekannte Formel („p,q–Formel", „a,b,c-Formel", „Mitternachtsformel") anwenden. Auch für Polynome 3.Grades existieren weitgehend unbekannte, noch auf Cardano zurückgehende, kompliziertere Formeln, während es für Polynome 5. und höheren Grades gar keine allgemeine Auflösungsformel mehr geben kann.

Lösung nichtlinearer Gleichungen

Man benutzt deshalb numerische Verfahren, die die gesuchten Lösungen approximieren. Neben dem Bisektionsverfahren und der Regula falsi sind in der Finanzmathematik insbesondere das Newton-Verfahren oder das Sekantenverfahren gebräuchlich. Die genannten Verfahren können nicht nur bei der Bestimmung von Nullstellen von Polynomen angewandt werden, sondern dienen allgemein zur Lösung nichtlinearer Gleichungen und finden auch in den Ingenieurwissenschaften und in der Technik zahlreiche Anwendungen.

Problemstellung

Wir betrachten im folgenden die Lösung einer (durchaus komplizierten) Gleichung $f(x) = 0$, gehen von einem Startwert x_0 aus und verbessern diesen Startwert sukzessive, indem wir „bessere" Näherungen x_1, x_2, etc erzeugen, die der „wahren" Lösung x^* immer näher kommen.

Herleitung des Newton-Verfahrens

Ein recht einfaches, aber sehr effektives Iterationsverfahren ist das *Newton-Verfahren*, welches die Differenzierbarkeit der Funktion f voraussetzt und zur Bestimmung der Nullstelle x^* die Tangente an f benutzt. Im Einzelnen: Zunächst sucht man eine gute Näherung x_0 für x^*. Im Punkt $(x_0, f(x_0))$ stellt man dann die Gleichung der Tangenten auf:

$$t(x) = f(x_0) + f'(x_0)(x - x_0).$$

Da die Tangente eine gute Näherung der gegebenen Funktion f darstellt, ist zu erwarten, dass die einfach zu berechnende Nullstelle x_1 der Tangente eine bessere Näherung von x^* ist als

x_0. Aus $t(x_1) = 0$ lässt sich x_1 berechnen zu:

$$x_1 = x_0 - \frac{f(x_0)}{f'(x_0)}.$$

Nun setzen wir das Verfahren mit dem neuen Näherungswert x_1 fort. Dies liefert $x_2 = x_1 - f(x_1)/f'(x_1)$. Dann berechnen wir die nächste Iterierte x_3, usw.

Das Verfahren ist natürlich nur für $f'(x_k) \neq 0$ geeignet. Man bricht das Verfahren ab, wenn sich die aufeinander folgenden Iterierten nur noch um einen geringen Wert, z.B. $0,0001$ (d.h. in der vierten Nachkommastelle), unterscheiden.

Man wähle einen Startwert x_0 und berechne sukzessive die Iterierten x_k mittels

$$x_{k+1} := x_k - \frac{f(x_k)}{f'(x_k)}, \quad k = 0, 1, 2, \ldots.$$

STOP, falls $\mid x_{k+1} - x_k \mid < \varepsilon$ oder Nenner $= 0$.

Newton-
Verfahren

Abb. 8.1 zeigt, wie sich die Iterierten x_0, x_1, x_2 der exakten Lösung x^* nähern.

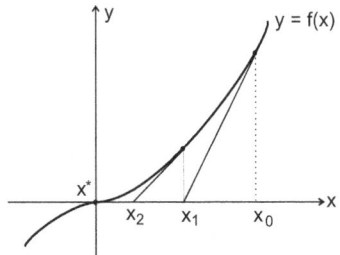

graphische Veranschaulichung

Abb. 8.1. Newtonverfahren

Beim *Sekantenverfahren* berechnet man eine Näherung x_2 der gesuchten Nullstelle einer Funktion f aus dem Schnitt der Sekante durch zwei bereits vorgegebene Punkte $(x_0, f(x_0))$ und $(x_1, f(x_1))$ mit der x-Achse.

Dazu ersetzt man im Newton-Verfahren

$$x_{k+2} := x_{k+1} - \frac{f(x_{k+1})}{f'(x_{k+1})}$$

einfach die Steigung der Tangenten $f'(x_{k+1})$ durch die Steigung der Sekanten

Herleitung des
Sekanten-
verfahrens

$$f'(x_{k+1}) \approx \frac{f(x_{k+1}) - f(x_k)}{x_{k+1} - x_k}, \quad k = 0, 1, 2, \ldots .$$

und erhält damit die Rekursionsformel für das Sekantenverfahren:

Sekanten-
verfahren

Man wähle zwei Startwerte x_0 und x_1 und berechne sukzessive die Iterierten x_{k+2} mittels

$$x_{k+2} := \frac{x_k \cdot f(x_{k+1}) - x_{k+1} \cdot f(x_k)}{f(x_{k+1}) - f(x_k)}.$$

STOP, wenn $\mid x_{k+2} - x_{k+1} \mid < \varepsilon$ oder Nenner $= 0$.

Das Verfahren erscheint zunächst komplizierter, da man aus *zwei* Startwerten die neue Näherung berechnet (und nicht aus einem wie beim Newton-Verfahren), es ist aber in Wirklichkeit einfacher, da man zur Berechnung der Sekanten keine Ableitung (wie bei der Steigung der Tangenten beim Newton-Verfahren) benötigt.

Abb. 8.2 zeigt, wie sich aus den Startwerten x_0 und x_1 über den Schnitt der Sekanten mit der x-Achse die nächste Näherung x_2 berechnet und wie man schließlich aus x_1 und x_2 wiederum über die Sekante x_3 erhält.

graphische Ver-
anschaulichung

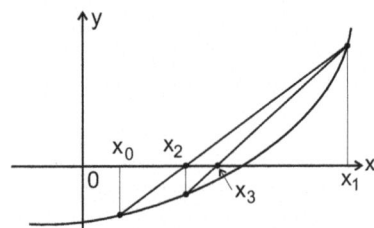

Abb. 8.2. Sekantenverfahren

Literaturverzeichnis

Lehrbücher:

- Kobelt, Helmut; Schulte, Peter; Finanzmathematik; nwb, 2006
- Luderer, Bernd; Starthilfe Finanzmathematik; Vieweg+Teubner, 2011
- Martin, Tobias; Finanzmathematik; Hanser, 2007
- Pfeifer, Andreas; Praktische Finanzmathematik; Harri Deutsch, 2009
- Pfeifer, Andreas; Finanzmathematik - Übungsbuch; Harri Deutsch, 2009
- Tietze, Jürgen; Einführung in die Finanzmathematik; Vieweg+Teubner, 2010
- Tietze, Jürgen; Übungsbuch zur Finanzmathematik; Vieweg+Teubner, 2008

Lehrbücher Grundlagen Mathematik:

- Holey, Thomas; Wiedemann, Armin; Mathematik für Wirtschaftswissenschaftler; Physica, 2010
- Stingl, Peter; Mathematik für Fachhochschulen; Hanser, 2009
- Stry, Yvonne; Schwenkert, Rainer; Mathematik kompakt; Springer, 2010

Formelsammlungen:

- Eichholz, Wolfgang; Vilkner, Eberhard; Taschenbuch der Wirtschaftsmathematik; Hanser, 2009
- Luderer, Bernd; Nollau, Volker; Vetters, Klaus; Mathematische Formeln für Wirtschaftswissenschaftler; Vieweg+Teubner, 2008

Sachverzeichnis

The manufacturer's authorised representative in the EU is Springer
Nature Customer Service Centre GmbH, Europaplatz 3, 69115 Heidelberg,
Germany. If you have any concerns regarding our products, please
contact ProductSafety@springernature.com

Printed and bound by CPI Group (UK) Ltd, Croydon, CR0 4YY
27/04/2026
02097614-0011